上海大学出版社

2005年上海大学博士学位论文 5

U0358938

面向复杂设备的远程智能诊断技术及其应用研究

- 作 者：韩 彦 岭
- 专 业：机 械 设 计 及 理 论
- 导 师：方 明 伦　　陈　　云

2005 年上海大学博士学位论文　5

面向复杂设备的远程智能诊断技术及其应用研究

作　　者：韩彦岭
专　　业：机械设计及理论
导　　师：方明伦　陈　云

上海大学出版社
·上海·

Shanghai University Doctoral
Dissertation（2005）

Research on Remote Intelligent Diagnosis Technology and Application for Complicated Equipment

Candidate: Han Yanling
Major: Machinery Design and Theory
Supervisor: Prof. Fang Minglun, Chen Yun

Shanghai University Press
• **Shanghai** •

上 海 大 学

　　本论文经答辩委员会全体委员审查,确认符合上海大学博士学位论文质量要求.

答辩委员会名单:

主任: 金　烨　教授,上海交通大学　　　　　　200030

委员: 陈炳森　教授,同济大学　　　　　　　　200092

　　　王　坚　教授,同济大学　　　　　　　　200092

　　　顾长庚　教授级高工,上海生产力促进中心　200092

　　　李蓓智　教授,东华大学　　　　　　　　200051

导师: 方明伦　教授,上海大学　　　　　　　　200072

　　　陈　云　教授,上海财经大学　　　　　　200433

评阅人名单：

　　马登哲　教授,上海交通大学　　　　　　　　　　200030
　　严隽薇　教授,同济大学　　　　　　　　　　　　200092
　　瞿兆荣　教授,华东计算机所　　　　　　　　　　200062

评议人名单：

　　林财兴　教授,上海大学机械工程学院　　　　　　200072
　　俞　涛　教授,上海大学　　　　　　　　　　　　200072
　　叶洪根　教授级高工,上海电器研究中心　　　　　200030
　　蒋祖华　教授,上海交通大学　　　　　　　　　　200030
　　陈炳森　教授,同济大学　　　　　　　　　　　　200092
　　顾　宁　教授,复旦大学　　　　　　　　　　　　200433

答辩委员会对论文的评语

韩彦岭同学的博士学位论文《面向复杂设备的远程智能诊断技术及其应用研究》，将知识工程、人工智能、分布式系统理论与技术融入复杂设备故障诊断领域，研究基于知识的智能诊断相关理论、技术与系统构建方法．选题具有重要的学术意义和实用价值．其主要研究成果如下：

（1）提出了基于开放式公共服务平台的复杂设备智能诊断系统体系架构，集中体现了资源共享、协同决策、知识集成的服务思想，为构建远程智能诊断系统提供了理论基础；

（2）在深入研究基于知识的远程智能诊断的基础上，建立了智能诊断双循环知识链模型，具有创新性．

（3）创新性地提出了支持智能诊断过程的多视图分析方法，多角度地分析智能诊断过程组织原理，提出了基于知识链的智能诊断自组织过程实现策略，从知识驱动、知识链管理、自组织过程规划的角度探讨其实现过程．

（4）构建了基于开放式公共服务平台的系统框架，完成了原型系统开发，并以印刷包装机械设备为对象进行了初步验证．

论文条理清楚，立论正确、文字流畅，表明作者已经掌握了本学科坚实宽广的基础理论和系统深入的专业知识，已具有独立从事科学研究工作的能力．达到了博士学位论文要求．答辩过程中，叙述清晰，回答问题正确．答辩委员会通过无记名投票，一致同意通过韩彦岭同学的博士学位论文答辩，并建议授予工学博士学位．

答辩委员会表决结果

经答辩委员会表决,全票同意通过韩彦岭同学的博士学位论文答辩,建议授予工学博士学位.

答辩委员会主席: **金 烨**

2004 年 11 月 18 日

摘　　要

　　以制造业全球化、市场竞争激烈化为趋势的制造业发展大环境下,制造企业要赢得竞争,产品质量是核心,优质服务是保障.为适应制造业的发展趋势,企业服务的理念从内容到形式得到进一步扩展.故障诊断对于降低生产事故、减少经济损失、提高产品附加值、增强企业竞争力具有重要意义,成为现代企业服务的重要组成部分和研究热点.随着现代设备日益向高速度、高效率、复杂化、网络化方向发展,传统的服务方式和故障诊断技术越来越难以满足设备诊断的要求,远程化、智能化成为故障诊断研究领域的一个重要发展方向和必然趋势.本文通过对比,分析了传统故障诊断研究在技术、方法上存在的不足和局限,提出建立基于开放式公共服务平台的智能故障诊断系统体系结构,把知识工程、人工智能、分布式系统理论与技术融入复杂设备故障诊断领域,研究基于知识的智能故障诊断技术及相关理论和系统架构.

　　论文首先研究远程智能故障诊断系统总体架构,通过分析复杂设备故障诊断的特点及传统诊断模式的局限性,提出建立开放式公共技术服务平台,实现广域范围内技术、资源、知识的共享与集成,阐述系统体系特征与系统实现的关键技术,为远程智能故障诊断的顺利实施提供理论和方法上的支持与保证.

　　在研究系统总体框架的基础上,指出基于知识的智能故障诊断是本文的核心研究内容.从信息、知识、智能三者辩证关系的角度,从智能行为与自组织本质的内在相似性的论证出发,研究智能故障诊断的原理和自组织过程规划机制,从任务分解、过程双约束、知识链的形成研究分层的故障定位原理,详细阐述了智能诊断的自组织过程.

拥有知识是智能系统的重要标志,知识的数量和质量是决定智能系统性能的关键因素,由此知识获取成为基于知识的智能诊断系统的重要研究内容.传统故障诊断方法中由于知识获取的"瓶颈",成为系统进一步向智能化、自动化方向发展的障碍.在分析复杂设备故障诊断信息特征的基础上,提出一种改进的数据挖掘过程模型,应用数据挖掘的相关技术实现诊断知识发现与自动获取,并通过实例对上述方法和过程进行了可行性与实用性验证,从理论和技术上解决了智能诊断技术发展过程中的"瓶颈"问题.

研究智能故障诊断实现过程,分析支持智能故障诊断的多个视图,从结构、行为、知识和约束四个侧面全方位、多角度剖析故障诊断过程内部信息、知识、智能的组织和运行模式,将多代理技术引入到智能故障诊断的实现过程中,从知识表达、推理技术、基于多代理的资源调度及优化等方面阐述智能诊断的自组织过程实现策略.

决策和评价是诊断过程中密切相关的两项工作,论文提出支持智能故障诊断的决策目标和对应的决策模型,建立诊断评价的指标体系及评价模型,系统地论述模糊层次评价和多层次灰色关联分析评价方法,并以此为基础进行综合评价,为智能故障诊断的方案优选提供决策支持.

最后,在开放式公共服务平台环境下,研究支持智能故障诊断的原型系统构建方法,提出系统实现的关键技术及解决途径.以大型印刷包装机械设备为应用对象,进行原型系统的应用验证和应用效果分析.

关键词 远程服务,智能诊断,数据挖掘,多代理技术,开放式公共服务平台,自组织过程规划,知识链,资源优化调度,模糊层次评价,多层次灰色关联分析

Abstract

Under the environment of manufacturing development which trends to global manufacture and fierce competition, if the manufacture enterprises want to win victory, product quality is the kernel and high quality service is the guarantee. In order to adapt above manufacturing trend, both the content and the form of enterprise service are extended. Fault diagnosis means importance to decrease accident, to descend economy loss, to increase added value, and to enhance competition in the production, so it becomes significant ingredient and research emphasis of enterprise service. With the development of modern equipment towards high speed, high availability, complication and networking increasingly, it is more and more difficult for traditional service mode and fault diagnosis technology to meet the request of equipment diagnosis, remote and intelligent diagnosis become an important research direction and necessary tendency. By analyzing the shortage and limit of traditional diagnosis in the way of technology and method, this paper brought up to construct open public service platform, melted the knowledge engineer and artificial intelligence and distributed theory into fault diagnosis field, and researched the intelligent diagnosis technology based on knowledge and relevant theory and system architecture.

Firstly, the architectural structure of the remote and intelligent diagnosis system is researched. By analyzing fault characteristic of complicated equipment and limitation of traditional diagnosis mode, the idea of constructing open public service platform was brought forward to realize sharing and integration of technology, resource and knowledge, and the system architecture characteristic and critical technology of realization were exhausted in order to provide technology support and guarantee for the successful execution of remote and intelligent diagnosis.

On the basis of research on architectural structure of the system, intelligent diagnosis based on knowledge was brought up as the kernel content of this paper. From the view of dialectical relationship among information, knowledge and intelligence, and from the demonstration of the internal similarity between intelligent behavior and self-organizing, the principle of intelligent diagnosis and self-organizing process planning mechanism was researched. The stratify location principle of fault was researched and self-organizing process of intelligent diagnosis was expanded on from the aspects of task decomposition, process double restraint and the forming of knowledge chain.

The important marking of intelligent system is in possession of knowledge, the quantity and quality of knowledge are the key factors to decide the performance of intelligent system, so knowledge access become important contents of intelligent diagnosis system. Because of the bottleneck problem of knowledge access in traditional fault diagnosis, it becomes obstacle of system development towards intelligence and automatization. On the basis of analyzing fault diagnosis information of complicated equipment, this paper brought forth improved process model of data mining, researched the associated technology of data mining for knowledge access of complicated equipment, and made application verification of feasibility and practicality by instances, and settled above bottleneck problem from theory and technology.

The realization process of intelligent diagnosis were researched and the multiple views supporting intelligent diagnosis were analyzed, in which the organization and run mode among internal information, knowledge were dissected from multiple sideways including structure, behavior, knowledge and constraint. Multi-agent technology was introduced into the realization of intelligent diagnosis, and the self-organizing process realization strategy of intelligent diagnosis was exhausted from the aspects of knowledge express, reasoning technology and resource dispatch and optimization based on multi-agent, and so on.

The decision-making and estimation were two closely-related contents of diagnosis process, the decision-making target and corresponding decision-making model were brought up which supported intelligent fault diagnosis, the indicator system and evaluation model of fault diagnosis were established，the synthetical estimation method based on fuzzy hierarchy estimation and multi-hierarchy gray relationship analysis was expounded systematically，and the decision-making support was expounded for scheme choose of intelligent fault diagnosis.

Finally，under the environment of open public service platform，the construction method of prototype system was researched in order to support intelligent diagnosis，the key technology and solution of system realization are brought up. Taking large-scale printing and package machine as application object，this paper made application verification and effect analysis of prototype system.

Key words　　Remote Service，Intelligent Diagnosis，Data Mining，Multi-Agent Technology，Open Public Service Platform，Self-Organizing Process Planning，Knowledge Chain，Priority Scheduling of Resource，Fuzzy Hierarchy Estimation，Multi-Hierarchy Gray Relationship Analysis

目　　录

第一章　绪论 ……………………………………………… 1

1.1　课题背景及其研究意义 ……………………………… 1

1.2　故障诊断技术的研究现状及发展趋势 ……………… 8

1.3　故障诊断技术的研究基础 …………………………… 14

1.4　论文的主要研究内容及结构 ………………………… 18

1.5　本章小结 ……………………………………………… 22

第二章　远程智能诊断系统总体架构 …………………… 23

2.1　复杂设备故障的内涵及其诊断原理 ………………… 23

2.2　故障诊断模式的变革 ………………………………… 29

2.3　基于开放式公共服务平台的故障诊断模式 ………… 33

2.4　远程智能诊断系统的总体架构 ……………………… 37

2.5　本章小结 ……………………………………………… 45

第三章　基于知识的智能故障诊断技术 ………………… 46

3.1　智能理论的哲学思考 ………………………………… 46

3.2　故障诊断方法概论 …………………………………… 49

3.3　智能行为的自组织描述 ……………………………… 53

3.4　智能故障诊断原理和自组织规划 …………………… 57

3.5　本章小结 ……………………………………………… 66

第四章　基于数据挖掘的故障诊断知识获取 …………… 67

4.1　知识获取技术 ………………………………………… 67

4.2　数据挖掘技术研究 …………………………………… 69

4.3　基于数据挖掘的知识获取技术 ……………………… 79

　　4.4　本章小结 ·· 93

第五章　智能故障诊断过程研究 ···················· 94
　　5.1　故障诊断过程 ··· 94
　　5.2　支持智能故障诊断过程的多视图分析 ········ 95
　　5.3　智能故障诊断过程实现策略 ···················· 108
　　5.4　本章小结 ··· 124

第六章　智能故障诊断决策模型与评价方法 ······ 125
　　6.1　决策与评价 ··· 125
　　6.2　智能故障诊断决策模型 ··························· 128
　　6.3　智能故障诊断评价的指标体系 ·················· 130
　　6.4　智能故障诊断的模糊层次评价 ·················· 133
　　6.5　灰色关联评价方法 ·································· 140
　　6.6　综合评价过程及实现 ······························ 147
　　6.7　本章小结 ··· 151

第七章　应用案例与分析 ····························· 152
　　7.1　引言 ·· 152
　　7.2　智能故障诊断原型系统开发 ···················· 153
　　7.3　智能故障诊断系统关键技术及应用实例 ······ 160
　　7.4　应用效果分析 ··· 173
　　7.5　本章小结 ··· 174

第八章　结论与展望 ··································· 175
　　8.1　论文研究成果 ··· 175
　　8.2　进一步研究方向 ······································ 177
　　8.3　本章小结 ··· 178

参考文献 ··· 179
致谢 ··· 192

第一章 绪 论

随着世界经济一体化、企业全球化和设备供需关系的国际化,制造业的新格局已经初步形成,市场经济条件下的产品竞争日趋激烈.现代制造企业要想在不断变化的市场环境下取得竞争优势,在提高产品质量的同时,为设备的安全和有效运行提供全面、优质的服务,已成为增强产品市场竞争力的关键环节和有效手段.制造企业向敏捷制造、智能制造发展的趋势,对设备服务领域提出了自动化、智能化方向发展的要求.远程智能故障诊断技术的研究顺应这一发展要求,为故障诊断走向自动化、智能化提供有力的技术支持.

1.1 课题背景及其研究意义

1.1.1 课题研究背景及来源

1.1.1.1 研究背景

现代技术,尤其是信息技术与网络技术的迅速发展,世界制造业发生了重大变化,制造业全球化、市场竞争激烈化成为制造业发展的趋势[1],制造业全球化主要表现在企业制造的分散化以及客户和设备供应商的国际化,这就要求不同企业之间、同一企业不同协作组织之间、企业与设备供应商之间以及企业与客户之间协同工作、共享信息;市场竞争激烈化使制造业从传统的单一工厂、单一设备为主的竞争转变为完全协约化分散工厂为主的相互合作生产体系之间的竞争,生产的竞争从以产品及生产力为主的相互市场竞争逐渐转变到以顾客需求为主的生产体系的竞争,生产的制造哲学从以产品和机器为主的制造基础转变为以产品的生命周期及服务为主的制造基础.因此,21世纪的制造业,优良的服务和高品质的产品质量一起成为制造企业在市场竞争中获胜的关键.

制造业的上述发展趋势,使企业对产品服务的形式从原来人工现场服务的单一模式逐渐转变成为贯穿整个产品生命周期的远程服务模式.在市场分析和产品概念设计阶段,企业通过对用户的追踪调查以及对潜在用户消费趋势分析,准确把握未来市场需求以及产品的改进、创新点;在产品设计阶段,客户通过企业的远程服务系统,直接或间接参与新产品的设计与开发,以保证企业新产品的设计能更好地满足客户化需求;在产品制造阶段,客户通过电子化手段了解自己订单的完成进度;在产品销售阶段,客户通过网络更好的了解产品价格、性能与特征,辅助做出购买决策;在产品售后技术支持阶段,企业提供全方位安装调试、产品维护与维修以及人员操作培训等服务,通过计算机网络远程进行参数设置、调试等工作,以远程多媒体教学方式进行互动式虚拟工作现实的培训,以迅速提高用户设备使用与操作能力;在产品回收阶段,制造商通过建立远程服务系统,保存产品的历史档案,和客户共同承担对设备进行重用或回收的责任,以达到绿色制造的目标[2].

同时,随着现代科学技术的进步和生产的发展,现代企业的生产设备日益向大型、复杂、精密和自动化方向发展[3],具体表现为:一、设备功能增多,各工作单元间的关系日趋复杂,影响设备安全和工作性能的因素越来越多;二、设备结构日趋复杂,规模庞大,造价也越来越高;三、设备日益向系统极限效率与速度方向发展,安全隐患增多,机电故障、连锁影响造成的损失十分惊人;四、现代设备与生产系统在国民经济的发展和社会物质财富的生产中,扮演着越来越重要的角色,影响面广.一旦设备发生故障,将影响到整个生产系统的安全稳定运行,严重影响生产效率的提高,造成重大经济损失,因此现代企业对生产设备的监测与故障诊断系统的研究变得十分必要,成为企业远程服务的重要组成部分.

现代检测技术、计算机技术和电子技术的发展为故障诊断技术的研究和应用提供了有力的技术支持,推动了现代故障诊断技术的发展,高度集成、融合多学科技术的现代生产设备对故障诊断技术本身也提出了更高的要求,20 世纪 80 年代中期以后,人工智能理论的迅猛发展,使得以传感器技术为基础,以信息处理技术为手段的现代设备诊断技术开始向基于知识的智能故障诊断技术方向发展,并取得了一定的成就.从现有研究成果分析[4],目前的智能故障诊断技术还存在着如下方面的不足:缺乏统一的知识体系、概念体系和系统化的理论基础,缺乏知识自动获取和自适应能力,还不具备将诊断对象看作一个整体,进行并行诊断的能力,从理论和实践上看,系统离真正走向实用还存在较大的差距;同时,客户和制造商的全球化分布,传统的依靠技术人员出差的服务方式已经不能满足现代市场竞争的需要,促使人们寻求新的诊断方法、服务模式来实现设备故障的远程诊断,以提高自身竞争力.

1.1.1.2 课题来源

"面向复杂设备的远程智能诊断技术及其应用研究"课题的提出,一方面基于以上研究背景,另一方面来源于"上海市电气集团总公司信息化工程建设实施方案"的应用需求.

上海电气集团是中国最大的发电设备和大型机械设备设计、制造、销售的企业集团,其业务内容涵盖了中国机电设备制造的所有领域,属于典型的分散化集团企业.总公司在加快企业信息化工程建设项目中,开展对传统产业和产品的调整与改造,以期提高新产品研制的速度和技术含量,实现企业内外部资源的优化配置,加强企业与客户的联系,为客户提供优质高效服务,全面提高企业的综合竞争力.

上海印刷包装机械事业部隶属于上海电气集团总公司,主要从事印刷包装机械的研制和开发,拥有众多国内外一流的印机企业,产品门类齐全,远销海内外许多国家和地区.印刷包装机械产品的多样化、复杂化使得这类设备的故障诊断也变得十分复杂,单靠客户自身的力量来解决设备运行中出现的问题已经变得越来越困难.企业产品的全球销售,遍布的客户群成了企业的重要资源,因此,怎样对设备运行过程中的设备状态和出现的故障进行远程诊断,如何满足客户的需求并为他们提供良好的维护与维修服务已成为企业产品占领市场、增强企业竞争力的重要因素之一. 上海电气集团总公司依据印刷包装机械行业的特点与需求, 结合整个集团的发展规划, 以印刷包装机械集团的下属多家企业为试点, 展开对大型机电设备智能诊断技术的研究, 开发并构建基于 Internet 的远程设备监测与智能诊断系统, 并以此系统为基础进行扩展, 逐步实现数控设备等其他行业的远程服务, 以全面提高整个集团的综合竞争力.

1.1.2 课题研究意义

1.1.2.1 远程故障诊断系统建立的必要性

机电设备, 尤其是大型复杂机电设备及生产系统, 是现代化大生产的基础, 是许多大型企业的核心, 大型机电设备在现代工业中的重要作用, 要求它尽可能长时间、满负荷的安全可靠运行, 设备和系统一旦发生故障, 造成的损失将十分巨大[5]. 据国内石化等行业统计, 1976 年至 1985 年的十年间, 化肥五大机组由于事故停车造成的直接经济损失达四亿五千多万元, 1985 年大同电厂、1988 年秦岭电厂、1999 年阜新电厂各有一台 200 MW 机组发生毁机事故, 损失均在亿元以上, 严重影响地区电网的供电, 1998 年铁道部隧道局的一台 TBM 掘进机仅齿轮箱故障造成的直接经济损失达 2 000 万元. 在国外, 1971 年美国三里岛 300 MW 机组损毁, 1972 年日本关西电力公司海南电站 3 号机断轴, 1973 年西德 600 MW 机组联轴器变形等重大故障, 都造成了巨大的经济损失.

针对这种情况, 世界各国都十分重视, 相继围绕大型重要设备开展了状态监测和故障诊断等的相关研究工作[6,7]. 随着设备结构的日益复杂和设备工作过程的连续、高速和自动化运行, 大型制造设备的故障诊断变得十分复杂, 单靠使用者自身的力量来判断和解决设备运行中出现的问题, 变得越来越困难, 同时, 世界经济一体化和企业全球化发展, 企业的客户遍布世界的各个角落. 客户的全球化一方面提高了企业的知名度, 给企业带来巨大的市场和丰厚的利润, 另一方面也给企业对客户的服务带来极大的挑战.特别是大型机电设备如大型印刷设备、超精密机床、工业 ROBOT 等日益增多,客户自行对设备进行故障诊断与维修变得越来越困难,越来越离不开制造商包括设备主要零部件供应商的技术支持,当制造商和供应商的设备维修技术人员缺乏或技术领域跨越大、超出了单个技术人员或单一企业能力范围时,企业很难做好服务环节,最终将导致企业失去竞争能力,产品失去市场.

企业全球化使传统的故障诊断服务方式无法适应当今客户对快速故障诊断和维修等方面的要求,促使现代化制造企业必须建立基于信息技术、多媒体技术和现代通讯技术的远程故障诊断系统,以满足客户生产设备和系统进行远程故障诊断与维修的需求[8].Internet 和 Web 技术的发展使远程服务和故障诊断的实现成为可能.

目前,国有企业、合资企业、独资企业以及个体私营企业并存的新型市场经济体制已经形成,企业的分散化、经济形式的多样化、合作伙伴以及客户的全球化分布已经初具规模,设备远程服务与故障诊断系统的研究和建立,对于提高企业竞争力,降低生产与维修成本,提高企业经济效益,促进国有企业技术改造,带动国有企业走出困境,推动国有企业经济体制改革具有重要意义[9].

1.1.2.2 智能故障诊断技术的研究意义

故障诊断技术从形成到发展至今,经历了几十年的历程[10,11],分为三个阶段,如表 1.1 所示.

表 1.1 故障诊断发展阶段

阶　　段	第一阶段	第二阶段	第三阶段
形成时间	60~70 年代	70~80 年代	80 年代以来
理论基础	经典控制理论	现代控制理论	智能理论
研究对象	单因素	多因素	多层次、众多因素
分析方法	传递函数、频域法	状态函数、时域法	智能算子、多级控制

续　表

阶　段	第一阶段	第二阶段	第三阶段
核心装置	传感报警	电子计算机	智能机器系统
应　用	单一元、部件	机组	综合系统

计算机技术的发展及智能技术的应用,近代工业控制系统及大型制造设备正日趋复杂,设备中任一元部件的失效都可能使系统性能降低,甚至造成重大事故.以经典控制理论和现代控制理论为基础的诊断技术被称为传统诊断技术,传统诊断技术的共同特点是:各种理论和方法都是建立在被诊断对象的数学模型的基础上,或者说,传统诊断技术的前提条件是必须能够在常规理论指定的框架下,用数学公式严格地刻画出被诊断对象的动态行为.

随着科学技术的不断进步和工业生产的不断发展,现代工业领域所涉及的许多被监测过程和诊断对象都难以建立精确的数学模型.首先,对象和环境具有许多未知因素和不确定因素,这些因素会随着环境、工况、空间和时间发生不可预测的变化;其次,现代制造设备是高度复杂的系统,表现为:系统的子系统和环节种类繁多、层次各异,子系统的结构和参数具有高维性、时变性、突变性和随机性,环境干扰具有多样性、随机性等,传感器数量大且十分分散,决策机构具有分级分布的特征;第三,现代生产系统在国民经济中的重要作用,要求充分挖掘并发挥它的潜力,因此对它往往提出多样性的高性能要求,以确保生产安全,提高产品质量,降低生产成本和能耗.面对日益复杂又无法精确建模的生产系统,传统诊断技术已经显得无能为力.

传统诊断技术的局限性使人们开始思考如何能够避开数学模型,模仿人类专家在诊断过程中表现出的惊人洞察力和逻辑推理能力,从专家知识、经验、人类的客观认识出发,利用现有数据和信息快速、准确地得出诊断结果.20 世纪 80 年代以来,以智能理论为基础的智能诊断技术得到迅速发展,智能诊断技术以 Zadeh 的模糊集合论为数学依据,以人类思维信息加工和认识过程为推理基础,将模糊推理语句演变成智能诊断知识,用于运算和推理,从而有效地避开了构造数学模型这一棘手问题. 近年来,随着人工智能理论的进一步发展,特别是知识工程、专家系统和神经网络在诊断领域中的应用,人们对智能诊断技术进行了更加深入与系统的研究,使基于知识的智能故障诊断技术表现出旺盛的生命力,成为故障诊断领域一个重要研究方向和必然趋势[12-14].

1.1.2.3 课题研究的经济和社会效益

本课题从大型复杂设备的故障诊断需求出发,针对目前故障诊断领域在服务形式、知识获取及智能诊断系统理论研究方面的不足,以建立开放式公共技术及服务平台为基础,实现以印刷包装机械为代表的复杂设备的状态监测与故障诊断的远程化、实用化和智能化. 本文对远程智能故障诊断技术研究的理论意义和推广应用价值,具体体现在以下几个方面:

1. 理论意义:提出构建面向服务的开放式公共技术平台理念,研究基于数据挖掘技术的知识自动获取、基于资源共享的智能故障诊断过程及诊断评价体系,是设备监测与故障诊断向远程化、智能化方向发展的关键内容,具有重要的理论研究意义.

2. 经济价值:基于本文所述理论和方法构建的设备远程服务与故障诊断系统,以上海电气集团印刷包装行业作为典型示范应用,进一步向电气集团数控机床、电站和桥梁隧道等行业推广并进行平台扩展,确保项目研究成果直接得到应用,取得经济效益.

系统实现方法,促进企业间多学科技术的交叉融合,整合并充分发挥了企业内外部资源协作优势,把人们目前所关注的设计中的协同延伸到服务领域,一方面发挥了各协作企业在服务领域的技术特长,降低了服务或设备维护成本;另一方面,把来源于客户和主要合作伙伴的知识、技术和智慧渗透到产品设计与制造领域,增加了产品的竞争力和服务品质,从而提高产品的市场占有率.

3. 社会价值：本课题相关技术、理论和应用的研究与发展，作为企业信息化建设的重要内容之一，其研究成果将进一步推进并带动相关技术领域的发展，为之提供重要的借鉴意义，具有广泛的社会价值.

1.2 故障诊断技术的研究现状及发展趋势

1.2.1 远程故障诊断技术研究现状[15-17]

设备远程故障诊断是在远程医疗概念的基础上发展起来的一种设备诊断技术[18-20]，本文对远程故障诊断技术作如下定义：它是传统故障诊断技术与网络技术、计算机技术和现代通信技术相结合的一种新型诊断技术，当工业现场的设备出现故障征兆或发生故障、现场维护人员或诊断系统对其自身状态不能做出故障判断或行为决策时，通过提交自身设备运行状态数据，由远端诊断中心的领域专家、故障诊断系统或者其他先进的数据分析、监测技术系统及时对其状态进行分析、判断，并给出诊断结果. 设备远程故障诊断技术是随着经济一体化和市场全球化的发展和高科技复杂产品的应用需求而发展起来的.

远程诊断的研究工作最先从医学领域开始，1988 年开放式远程医疗系统的概念在美国首次提出，此后美国各大州、各个城市和各大医院分别有了各种类型的远程医疗系统. 在国内，上海医科大学在上海地区也建立了类似的远程医疗系统. 设备故障诊断与人类疾病诊断过程、原理极为相似，从技术上说能实现远程医疗诊断也就能实现远程设备诊断. 但是设备对远程故障诊断的需求出现的相对较晚，随着科技的进步和生产的发展，大型设备结构的复杂性及成本的不断提高，其故障诊断、维修难度日益加大，使用者已经难以胜任；而且客户的全球化发展使得大型设备在地域上广泛分布，设备运行过程中，客户遇到难以凭自身力量解决的问题时，越来越需要分布在异地的诊断服务系统强有力的技术支持，工业领域的远程诊断工作开始逐渐受到重视并蓬勃发展起来.

1997 年 1 月,首届基于因特网的工业远程诊断技术研讨会由斯坦福大学和麻省理工学院联合主办,会议主要讨论了远程诊断系统开放式连接体系、诊断信息规程、传输协议,以及对用户的合法限制,并对未来技术发展作了展望,这次会议为远程故障诊断系统的研究与发展奠定了重要的基础.

与此同时,麻省理工学院的 LFM 工作组和斯坦福大学的 SIMA 工作组分别展开了基于 Internet 的远程故障诊断技术的研究,并很快建立了一个远程故障诊断示范体系 Testbed. Testbed 采用嵌入式 Web 组网,用实时 Java 和 Bayesian Net 实现远程信息交换和诊断推理;从该项目对外开放内容和项目组 1997 年底的研究总结报告来看,系统离实用还有很大距离,许多研究内容也只是一个想法. 在麻省,以 Duane Boning 为代表,建立了以集成电路制造设备 AME5000 为对象的远程监视和诊断平台;在斯坦福,以 Paul Losleben 为代表,于 1997 年 10 月建立了第一个基于 Internet 的远程故障诊断测试平台,提供基于模型的远程诊断展示. 许多国际组织,如 MIMOSA、SMFP、COMADEM、Vibration Institute 等,纷纷通过网络进行设备故障诊断咨询和技术推广工作,并制定了一些信息交换格式和标准. 这些研究成为远程故障诊断技术应用与发展的启蒙.

随之,国内外一些高校和企业也相继展开对设备远程监控、故障诊断等方面的研究并开始走向应用. 国外,美国密歇根大学开展了针对机械加工的远程诊断研究工作;美国西屋公司通过建立一个诊断操作中心远程在线监测和诊断全美二十多家电厂的运行情况;丹麦的 B&K 公司开发的 COMPASS 系统通过卫星通讯对设备进行监测和远程诊断;2004 年 2 月,美国宇航局科学家利用远程监控与故障诊断技术成功修复了在火星表面"瘫痪"了 11 天的"勇气号"火星探测器,使"勇气号"继续担负探索火星的任务. 国内,华中科技大学、西安交通大学、上海交通大学和哈尔滨工业大学等已经开始从事工业领域的远程故障诊断研究. 华中科技大学机械学院信息所,在国家"九五"攀登项目的资助下,建立了设备远程故障诊断中心,它是一个网上虚拟实验室,可以为网络用户提供远程信号采集、信号分析和设备故障诊断等服务,同时可以从网上为在校学生开设工程测试与信号分析实验;哈尔滨工业大学航天学院热能工程研究所,以大型汽轮发电机组为对象,率先在电厂内部建立分布式监测诊断系统,实现了设备的远程故障诊断.

这些研究成果在一定程度上已经与实践应用相结合,初步体现了远程故障诊断技术在实际工程领域中的地位和作用,但从工作模式及其作用方式来看,还存在一些不足之处,概括为以下几个方面:

1. 目前的远程故障诊断系统大部分通过用户 PC 机及 Modem 与制造商的远程 Modem 相连的方式实现网络连接,利用模拟电话线、专线或通过 ISDN 进行远程数据传输,这种方式以实现点对点的连接为主,不能同时响应多个客户请求,没有充分利用互联网的优势,网络连接成本很高.

2. 故障诊断工作模式单一,大多情况采用将远程诊断系统建立在设备客户端,在原有设备中增加嵌入式接口硬件和具有 WEB 功能的诊断软件,设备制造商及领域专家通过浏览器实现对设备故障信息的浏览、监控和诊断;或者将远程诊断系统建立在设备制造商端,制造商把各个客户的设备现场信号提取到自己的远程诊断系统上,由诊断系统为客户的设备提供监控和诊断服务,造成诊断共性技术、分析工具和资源、知识与信息缺乏共享,不利于故障诊断技术的深入研究和应用.

3. 故障诊断形式相对封闭,对于客户提交的诊断任务调用系统现有资源进行分析判断,系统资源相对保守,缺乏与外界交互的能力,不能充分利用分布在广域范围内的知识资源,由于系统扩展性差,而单一诊断系统往往能力有限,造成问题求解方法单一,当故障情况复杂时,在诊断求解时往往不能做出准确判断.

1.2.2 智能故障诊断技术研究现状

电子技术、尤其是计算机技术的发展,为设备智能故障诊断技术研究提供了必要的技术支持.近年来,传感器技术、信号处理技术、人工智能等相关技术的发展,带动并促进了设备故障诊断技术的进一步发展.结合现有故障诊断技术研究,故障诊断方法分为三大类[21-25]:一是基于解析模型的方法,它是在明确诊断对象数学模型的基础上,按一定的数学方法对被测信息进行诊断处理.目前,这种方法在一定范围内展开了深入的研究,但是实际情况中,常常由于难以获得对象的精确数学模型,大大限制了这种方法的使用范围和效果;二是基于信号处理的方法,通常利用信号模型,如相关函数、频谱、自回归滑动平均、小波变换等,直接分析可测信号,提取诸如方差、幅值、频率等特征值,从而检测出故障;三是基于知识的诊断方法,近年来,人工智能及计算机技术的飞速发展,为故障诊断技术提供了新的理论基础,产生了基于知识的诊断方法,该方法由于不需要对象的精确数学模型支持,而且具有某些"智能"特性,逐渐成为智能故障诊断技术研究的核心,是一种很有生命力的方法.基于知识的智能故障诊断方法可以分为:专家系统诊断方法、模糊诊断方法、神经网络诊断方法、故障树诊断方法等.

从故障诊断的分支技术来看,国外的研究开展较早,从1968年费根鲍姆等研制出第一个专家系统DENDRAL以来,专家系统已经广泛应用于医疗、勘探、金融决策等许多领域.在工程诊断领域,20世纪80年代以来,国外的高校和企业对基于知识的故障诊断系统进行了大量的研究.如美国西屋电子公司逐步发展了具有3000条规则的汽轮机智能诊断系统、具有3600条规则的发动机智能诊断系统、具有3200条规则的化工系统智能诊断系统[26];1992年,加拿大国家研究委员会(NRC)启动了一个集成诊断项目IDS工程,为先进诊断技术的研究、开发、测试和设备维护提供决策支持,解决大型企业分散信息的准确获取、知识提取、设备维修和故障诊断决策支持等问题.

20 世纪 90 年代以来,一种新的知识获取技术——数据挖掘技术从人工智能的一个分支机器学习中脱颖而出,成为人工智能研究中一个十分活跃的领域[27-33]. 数据挖掘技术在货篮数据分析、金融风险预测、产品产量、质量分析、分子生物学、基因工程研究等领域得到了成功的应用. 作为一种新的知识发现手段,目前在故障诊断工程研究领域已经引起人们的高度重视,许多国家和研究机构都在监测诊断项目中加入了对数据挖掘的研究.

在欧洲,挪威科技大学开发了一个基于粗糙集理论的数据挖掘工具包 ROSETTA. ROSETTA 能够利用粗糙集算法从许多振动信号特征参量中归纳出每种故障的判别规则[34,35]. 在美国电力行业,利用数据挖掘技术,在故障诊断工程领域研究用归纳方法从大量数据中提取隐含知识、自动生成决策树方法,为故障判别提供决策支持[36]. 此外,英国 Aberdeen 大学计算机系开发的 TIGER 系统,用于汽轮机故障智能诊断;新加坡国立大学研究采用粗糙集理论对故障属性进行约简的方法;香港城市大学研究利用数据挖掘技术对发电机组的监测数据进行过滤等技术[37-40]. 以上研究均取得了一定的成绩,并解决了部分实际问题.

国内,智能故障诊断技术研究始于 20 世纪 70 年代末,虽然起步较晚,但近年来发展较快,部分研究领域已经接近甚至超过国外同类技术研究水平[41-43]. 对一些特定设备的故障诊断研究创造了自己的特色,形成了一批具有独立知识产权的产品和研究成果:

1. 西安交通大学润滑理论及轴承研究所采用专家系统和人工神经网络技术,开发了汽轮机组网监测诊断系统.

2. 华中科技大学在从事设备远程故障诊断方面的研究工作过程中,对远程信号采集、开放式专家系统设计、诊断知识共享等关键技术做了有益的探索.

3. 清华大学通过建立基于规则的专家系统,开发了电站热力系统远程在线监测与诊断网络系统.

4. 东南大学把专家系统和神经网络技术相结合,通过建立远程诊断中心,实现知识共享,开展了对大型旋转机械设备的故障诊断研究工作.

5. 哈尔滨工业大学开发了机组振动微机监测和故障诊断系统.

通过对国内外故障诊断技术的研究和应用现状进行分析,由于设备本身种类繁多、结构各异,工作环境复杂,不同诊断对象适用的诊断理论和方法不尽相同,在任务描述、知识组织、知识使用、知识更新、信息获取等方面也存在较大差异.从公开发表的研究成果中可以看出,目前故障诊断技术的研究内容及成果大多是针对具体诊断目标提出一种或若干种监测手段或诊断方法并付诸实施,没有把诊断对象、诊断过程作为一个有机的整体来对待,缺乏从大量的、具有内在关系的数据中发现有价值信息的方法支持,整个诊断系统的建立缺乏统一的体系和理论指导.事实上,针对复杂系统的故障诊断,信息获取、知识表达、诊断推理等一系列的过程和行为是一个有机的整体,必须结合系统工程的理论和方法,从诊断对象的结构、功能、原理等方面给以完整地描述和表达,从而使智能故障诊断技术的研究更加系统化.

1.2.3 故障诊断技术发展趋势[44-46]

远程性、知识化、智能化是故障诊断技术追求的目标,是设备故障诊断走向自动化的重要途径.智能故障诊断技术的发展趋势集中体现在以下几个方面:

1. 基于 Internet 的远程故障诊断技术研究

基于 Internet 的设备远程故障诊断将故障诊断技术与计算机网络技术相结合,在企业的关键设备和环节建立状态监测点,通过采集并提交设备状态数据,由技术力量较强的科研院所、制造商或领域专家借助相关数据分析工具、专家知识为企业提供远程技术支持或方法指导.随着 Internet 技术在全球的发展和普及,充分利用其在标准化、开放性、良好的性价比等方面的优势,构建基于 Internet 的应用系

统,消除时空障碍,实现广域信息共享,是制造及服务领域适应经济
与技术全球化发展的必然趋势.

2. 面向资源共享的协同智能故障诊断技术研究

远程故障诊断技术的发展,建立在诊断知识、诊断资源、相关支
撑工具、分析手段和大量数据共享的基础之上,并提供了全程透明的
过程管理.目前大多数的诊断系统没有充分利用网络资源优势,普遍
存在相对独立、通用性差、诊断知识不完善等缺陷,难以解决复杂设
备、复杂故障、复杂过程的诊断问题.因此,建立开放式系统体系,将
多种智能技术、仪器设备、应用软件等诊断资源组织起来协同进行复
杂故障诊断、快速敏捷地响应客户请求是智能故障诊断研究的一个
发展趋势.

3. 进一步的问题

智能故障诊断技术研究的直接目的是为了提高诊断的精度和速
度、降低误报率和漏报率、确定故障发生的时间和部位,并预测故障
的发展趋势.传统的故障诊断方法研究大多集中在针对特定的诊断
对象采用特定的技术进行设备故障的判别和诊断,尚未建立起完整
的理论与方法体系;近年来人工智能技术的发展,特别是知识工程、
专家系统、模糊逻辑和神经网络在诊断领域中的应用,为人们对智能
诊断技术的深入研究提供了有力的支持,形成了一系列研究热点,也
取得了一系列研究成果.但从分支学科的要求来看,无论是理论体系
的建立还是实际问题的解决,智能故障诊断技术的研究仍有一段艰
难的路程.

1.3 故障诊断技术的研究基础

1.3.1 代理(Agent)技术

分布式人工智能技术的发展为大规模诊断系统的设计和实现提
供了一条极具潜力的途径,它伴随着大规模问题的智能求解需求迅
速发展起来.分布式人工智能技术通过对问题域的描述、分解和分

配,构造分散的、面向特定问题、相对简单的子系统,并协调各子系统并行、相互协作地进行问题求解.这种分布式、逐层、分阶段解决问题的思想非常适合复杂设备故障诊断问题的智能求解.Agent 技术为分布式智能诊断系统的实现提供了有力的技术支持,被描述为软件领域下一个意义深远的突破,一方面,它为解决新的分布式应用问题提供了有效途径;另一方面,它为全面准确地研究分布式计算系统的特点提供了合理的概念模型[47].

代理的概念最初被 Minsky 在 1986 年出版的《思维的社会》一书中提出,在 90 年代成为研究的热点.在分布式人工智能领域,代理被定义为具有感知能力、问题求解能力、与外界通讯能力的实体,它通过预定义的协议与外部 Agent 进行通讯,并通过一种松耦合的分布式途径进行分布式智能求解.具有以下行为特征[48]:

1. 自主性.能主动控制其行为和状态.

2. 协作、协调及协商能力.能在多 Agent 环境中协同工作,完成单一 Agent 无法独立实现的复杂任务.

3. 反应性.能感知环境变化并做出反应.

4. 适应性.能积累或学习经验和知识以适应新环境.

5. 通讯能力.能与其他 Agent 进行复杂的通讯.

6. 能动性.能自行选择合适时机进行适宜的决策或动作.

1.3.2 数据挖掘技术

数据挖掘一词最早出现在 1989 年.作为一门新兴的、来自不同领域的交叉性学科,数据挖掘是伴随着数据库技术及人工智能技术的发展而自然进化的结果.它是当今智能系统理论和技术的重要研究内容,综合了人工智能、计算智能(人工神经网络,遗传算法)、模式识别和数理统计等先进技术.数据挖掘(Data Mining,DM)是从大量数据中发现潜在规律、提取有用知识的方法和技术,这些知识表示是隐含的、事先未知的潜在有用信息,提取的知识表示为概念、规则、规律、模式等形式.更广义的说法是:数据挖掘是在一些事实或观察数

据的集合中寻找模式的决策支持过程. 关于数据挖掘有一些不同的
术语和名称,如许多人把数据挖掘视为另一个常用的术语"数据库中
知识发现"或 KDD 的同义词,另一些人把数据挖掘视为数据库中知
识发现过程的一个基本步骤.

从不同的视角看,数据挖掘技术有多种分类方法,根据发现知
识的种类,分为:总结规则挖掘、特征规则挖掘、关联规则挖掘、分
类规则挖掘、聚类规则挖掘、趋势分析、偏差分析、模式分析等;根据
挖掘的数据库分类,包括:关系型、事务型、面向对象型、主动型、空
间型、时间型、文本型、多媒体型、异质数据库和遗留系统等;根据采
用的技术分类,包括:人工神经网络、决策树、遗传算法、最近邻技
术、规则归纳及可视化. 目前,数据挖掘技术已经广泛应用于工业、
商业、金融、医学等领域. 文献[49,50]表明,作为一种新的知识发现
手段,数据挖掘已经引起工程诊断领域的重视,许多研究机构都在
监测诊断项目中加入了对数据挖掘的研究,采用数据挖掘的神经网
络、粗糙集及决策树等方法和技术进行故障信号的分析和潜在知识
的发现.

1.3.3 知识工程技术

知识工程(Knowledge Engineering, KE)是以知识本身为处理对
象,研究如何使用人工智能(Artificial Intelligence, AI)的原理和方
法来设计、构造和维护知识型系统的一门学科,与设计、构造和维
护知识型系统有关的理论技术、方法和工具都是知识工程的研究
内容,包括基础理论研究、实用技术的开发、知识型系统工具的
研究[51].

基础理论的研究是指知识工程中的基本理论和方法的研究. 例
如关于知识的本质和应用的研究,关于知识的表示、推理、获取和学
习方法的研究等. 实用开发技术的研究主要是为了解决在建立知识
系统过程中遇到的技术问题,如实用知识表示、获取、推理方法,知识
库管理技术,实用接口技术等等.

建立知识型系统工具的目的是为了给系统的开发提供良好的环境和工具,以提高系统研制的质量和缩短系统的研制周期,如知识工程语言、知识获取工具、知识库管理工具等. 到目前为止,国内外专家和学者已在更多的专业领域中对知识型系统的开发作了许多有益的尝试,如医疗方面的 MYCIN 系统;数学方面的 MACSYMA 系统;力学方面的 MECHO 系统;遗传学方面的 SPEX 系统. 知识型系统的功能大致体现为识别感知、预测拟合、故障诊断、优化设计和机器学习等方面.

1.3.4　人工智能技术[52]

当前,人工智能技术的应用主要有专家系统(Expert System,ES)、人工神经网络(Neural Network,NN)、遗传算法(Genetic Algorithm,GA)、模糊系统(Fuzzy,FZ). ES 是以专家知识为基础,模仿人类专家推理过程的逻辑推理系统;NN 是模拟人脑组织结构和人类认知过程的信息处理系统,是不同于以心理模式为基础的人工智能和专家系统的另一种类型的智能模拟方法;GA 是基于自然选择和遗传机制,在计算机上模拟生物进化机制的寻优搜索算法;FZ 是以模糊的人类语言变量为基础,模仿人类的模糊思维方式和认知过程进行推理的近似推理系统. 人工智能技术已广泛应用于各种智能系统,特别是智能控制系统中.

为了构造性能优异的应用智能系统,需要综合应用(集成)ES、NN、GA、FZ 等多种技术. 集成的基本思路[51]是:根据被求解问题的需要把系统分为若干模块,每个模块分别用不同的一种或几种技术方法实现,再以某种方式集成形成主体系统结构,也可以采用串接、嵌入或变换模块的方法来取长补短,构造功能完善的应用系统. 文献[53]给出了几种采用不同的人工智能技术结合的智能诊断系统,利用不同技术的优点,互相取长补短,将专家的知识和经验以知识库形式存入计算机,并模拟诊断专家解决问题的模糊推理方式和思维过程.

1.3.5 计算机网络技术

计算机网络技术的研究和发展,特别是 Internet 技术在全球的推广和应用,对世界科学、经济和社会产生了重大影响[54]. 网络技术正沿着开放、集成、高速和管理的智能化方向发展. 信息技术和网络技术的不断发展,为企业网络化和集成化提供了机遇,推动着企业从数据集成、应用集成走向过程集成和知识集成.

网络技术的深入发展,许多基于网络的新型技术应运而生. 近几年,基于因特网的远程故障诊断技术引起了国际国内众多研究者的关注. 网络应用的发展带来一种新的计算模式:因特网计算,而故障诊断系统架构也正从单机系统和局域网系统走向因特网计算系统. 相对于传统系统,远程故障诊断系统充分利用计算机网络所具有的开放性、信息交互和资源共享等特性,克服一般独立系统难以逾越的障碍,从而具有更强的诊断能力,更高的总体可靠性、先进性,以及良好的系统可扩展性和较低的系统运行成本. 主要表现在以下几个方面:① 提高了故障诊断过程的智能性;② 为分布式资源共享提供了可能;③ 加强了科研院所与企业间的技术合作;④ 促进了多学科技术的交叉与融合.

1.4 论文的主要研究内容及结构

1.4.1 主要研究内容

人工智能技术、计算机信息技术和网络技术的飞速发展,为设备故障诊断技术研究提供了新的理论基础和技术手段. 然而,由于智能故障诊断技术是一个崭新的研究领域,目前的研究与应用大多局限于具体问题和具体的方法,尚未建立起智能故障诊断研究领域的完整理论与应用体系. 本论文以建立相对完整和科学的智能故障诊断系统研究理论和应用体系为核心,从系统应用框架、知识获取方式、智能诊断过程等方面深入探讨相关理论及实践技术,解决目前智能故障诊断研究过程中遇到的若干"瓶颈"问题,为系统走向实用奠定了基础,并做了有益的探索.本文主要研究内容包括:

1. 提出构建基于开放式公共服务平台的远程智能故障诊断系统框架,建立基于资源共享的集成诊断环境,以满足多种形式和内容的故障诊断服务需求,支持广域环境下的知识集成和管理.

2. 从认识论及自组织进化的角度出发,深入研究基于知识的智能故障诊断原理,包括诊断过程控制与驱动策略、智能故障诊断知识链的形成;从任务分解技术、任务对过程的驱动机制、基于知识链的自组织过程实现等方面阐述智能故障诊断的自组织过程规划技术,在此基础上阐述本文核心研究内容,包括知识获取技术、智能故障诊断过程实现技术以及诊断过程中的决策与评价技术.

3. 提出基于数据挖掘的诊断知识获取技术,结合现代复杂设备特点提出了适合于复杂设备、对象与过程的数据挖掘算法,并通过相应实例予以验证.为解决基于知识的智能诊断系统研究中普遍存在的知识获取"瓶颈"问题,提供了一种可行方法和实现策略.

4. 研究智能故障诊断行为的自组织实现过程,提出支持智能故障诊断过程实现的多视图分析方法,从结构、行为、知识和约束四个方面深入阐述智能故障诊断过程原理. 提出基于知识链的元控制并行推理策略,并将多代理技术应用于智能故障诊断的自组织实现过程,保证故障诊断行为的自治性、智能化和广泛的适应性.

5. 提出基于模糊层次评价和多层次灰色关联分析的故障诊断综合评价方法,为智能故障诊断的有效实施提供了保证.

1.4.2 论文结构安排

本文共分八章,论文章节安排如图 1.1 所示.

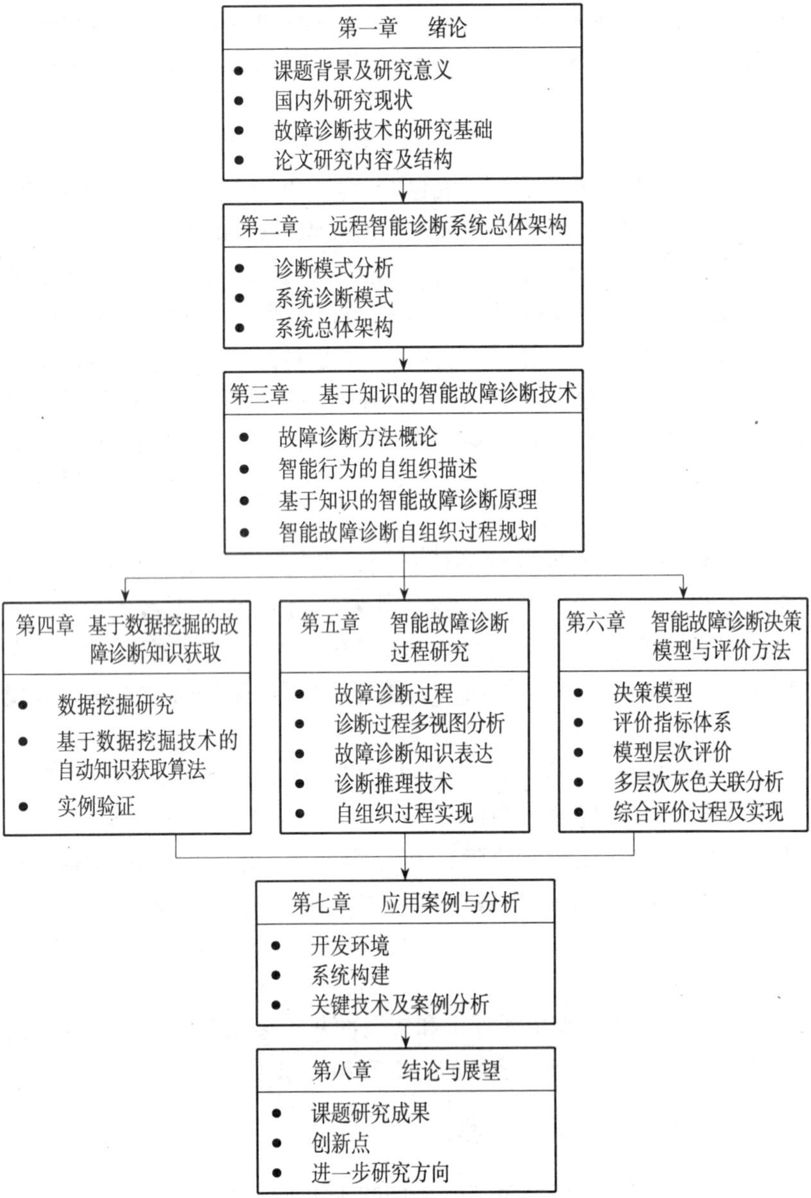

第一章　　绪论

- 课题背景及研究意义
- 国内外研究现状
- 故障诊断技术的研究基础
- 论文研究内容及结构

第二章　　远程智能诊断系统总体架构

- 诊断模式分析
- 系统诊断模式
- 系统总体架构

第三章　　基于知识的智能故障诊断技术

- 故障诊断方法概论
- 智能行为的自组织描述
- 基于知识的智能故障诊断原理
- 智能故障诊断自组织过程规划

第四章　基于数据挖掘的故障诊断知识获取

- 数据挖掘研究
- 基于数据挖掘技术的自动知识获取算法
- 实例验证

第五章　　智能故障诊断过程研究

- 故障诊断过程
- 诊断过程多视图分析
- 故障诊断知识表达
- 诊断推理技术
- 自组织过程实现

第六章　　智能故障诊断决策模型与评价方法

- 决策模型
- 评价指标体系
- 模型层次评价
- 多层次灰色关联分析
- 综合评价过程及实现

第七章　　应用案例与分析

- 开发环境
- 系统构建
- 关键技术及案例分析

第八章　　结论与展望

- 课题研究成果
- 创新点
- 进一步研究方向

图 1.1　论文结构安排

第一章是绪论,阐述并分析了课题的研究背景、来源、研究意义及国内外研究现状,在此基础上提出了本文的研究内容.

第二章首先阐述故障诊断的概念和原理,在对传统故障诊断模式进行分析的基础上,提出基于开放式公共服务平台的远程故障诊断模式,研究远程智能故障诊断系统的组成与体系结构,构建基于公共服务平台的系统总体架构,讨论系统特征及其关键支撑技术.

第三章在对系统总体架构研究的基础上,提出本章核心研究内容即基于知识的智能故障诊断技术研究.通过对信息、知识和智能之间的辩证关系的分析探讨了智能故障诊断技术的理论基础,研究故障诊断方法概论,给出智能故障诊断原理,并深入阐述智能故障诊断的自组织过程规划.

第四、五、六章分别从诊断知识获取技术、智能故障诊断过程实现技术以及诊断决策与评价技术三个方面深入研究智能故障诊断技术的应用与发展.第四章在分析传统故障诊断方法在知识获取方面存在的"瓶颈"问题的基础上,提出基于数据挖掘的自动知识获取技术和方法,研究了数据挖掘发现知识的过程模型、知识获取算法和实现过程,并通过实例验证了方法的可行性.第五章研究故障诊断过程实现技术,提出支持智能故障诊断过程实现的多视图分析方法,从四个相互关联的视图分析智能故障诊断实现原理.从诊断知识表达、并行推理策略和资源优化调度深入分析了智能故障诊断的实现过程.第六章研究智能故障诊断决策模型及决策目标体系,建立智能诊断过程的评价指标体系,论述基于模糊层次评价和多层次灰色关联分析的评价方法,讨论综合评价体系结构,并结合相关实例进行分析.

第七章研究原型系统的构建方法、系统实现框架及其关键技术的解决途径,并以大型机电产品印刷包装机械设备为例进行应用验证.

第八章总结了课题的研究成果及创新点,并提出进一步研究方向.

1.5　本章小结

　　本章阐述课题的来源和研究背景,分析课题研究的重要意义并回顾课题及相关领域的研究动态和发展趋势. 在此基础上,给出论文的主要研究内容和章节安排.

第二章　远程智能诊断系统总体架构

网络技术与通讯技术的迅速发展,使远程诊断系统实现成为可能.它突破传统故障诊断模式的束缚,通过信息交流而不是人员交流来解决现场的故障问题,从而避免了疲于奔命的"救火式"工作方式.本章从当前诊断工程实践需求出发,研究远程智能故障诊断系统总体架构,通过建立开放式公共技术服务平台,为信息共享、知识集成以及智能诊断过程实现提供协同决策环境.

2.1　复杂设备故障的内涵及其诊断原理

2.1.1　复杂设备结构的分层描述与必要定义

为了进行故障诊断的研究,首要问题是对诊断对象的认识.虽然实际诊断对象千差万别,但从系统论的角度来看有许多本质的共性[55].

复杂设备作为一个系统,是由有限的、完成特定功能的零部件按一定方式聚合而成的有机整体,零部件是构成复杂设备的元素.

定义 2.1　元素:是构成复杂设备基本的、具有相对独立功能的结构.

定义 2.2　联系:组成设备元素之间的关系.

定义 2.3　系统:由若干相互关联、相互制约的元素组成的、具有某种特定功能的整体.

定义 2.4　设备系统的层次性:是指从系统到元素之间的纵向可分解性.

较低层的元素经过聚合形成较大的高层元素,依此类推,直至聚合而成最高层的元素,即原级系统.一般来说,一个结构复杂的设备系统可分解成系统级、子系统级、部件级和元件级等多个层次. 例如, 图 2.1 是某印刷机械设备结构层次与故障结构层次对照图, 图 2.1(a)示意了其设备层次结构, 系统级是实现它的总体设计功能; 系统级在结构上可分解为印刷机组、连续输纸、连续润版、收纸等子系统; 连续输纸子系统由分纸送纸装置、输纸吸头、吹纸装置及输纸带等组成.

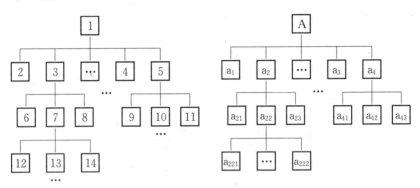

1—印刷设备；2—印刷机组；3—连续输纸系统；4—连续润版系统；5—收纸系统；6—分纸送纸装置；7—输纸吸头；8—吹纸装置；9—纸张消卷器；10—吹风管；11—齐纸装置；12—提纸吸嘴；13—分纸档簧片；14—压纸脚

A—印刷设备故障诊断模式；a_1—重影故障；a_2—双张或多张故障；a_3—出现水杠子；a_4—收纸不齐；a_{21}—分纸吸嘴吸力过大；a_{22}—输纸吸头偏斜；a_{23}—分纸吹气量过大；a_{41}—纸张消卷器吸力不足；a_{42}—吹风管风量偏大；a_{43}—齐纸机构位置偏斜；a_{221}—分纸挡簧片偏离压脚边；a_{222}—压纸脚压纸太少片

(a)　　　　　　　　　　(b)

图 2.1　设备结构层次与故障结构层次对照

采用结构分层表示方法, 一方面符合设备本身物理结构组成关系, 另一方面与产品由整体到局部、由模糊到清晰的设计过程相一致, 符合人们对事物的认识过程. 基于产品结构和功能的认识和理解, 分析和分解被诊断对象, 能够方便地描述智能诊断系统中的静态知识, 有利于人们对故障问题的准确定位, 并为领域知识库的分层有效管理提供基础.

2.1.2 故障描述及其特征[56,57]

关于故障,从不同的角度给出以下三种类型的解释:

第一类是从维修的角度出发,强调故障是设备的功能失常和局部的功能失效.这种描述方法将故障看成相对孤立的事件,不易描述复杂系统中各层次子系统可能存在故障的情况,即未考虑系统的层次性.

第二类是从诊断对象描述的角度出发,强调故障是系统的实际输出与所期望的输出不相容或系统的观测值与系统的行为描述模型所得的预测值存在矛盾.这种描述方法便于诊断推理,但缺乏对故障与系统本质关系的描述,忽略了对故障的系统性和层次性的描述.

第三类是从状态识别的角度出发,强调故障是系统的一种不正常状态.这种描述方法不易描述复杂系统中多状态的复合情况,即故障的相关性.

本文研究的诊断对象被看作一个比较复杂的系统,由若干子系统或元素为实现某种或若干特定功能并按一定规律组合而成,这种组合通过元素间的联系实现.系统的元素及元素之间的联系称为系统的结构,系统的结构是层次性和可递归的,系统的大小和复杂程度取决于层次与递归的多寡、子系统或元素之间以及系统输入输出之间关系的确定程度.

从行为学的角度来看,系统包括系统输出、系统功能、系统约束及系统状态等.系统输出是系统全部行为表现形式的集合,它是系统当前工作状态的外部表现;系统功能的实现是复杂设备系统设计的根本目的,也是系统设计时所要求的必备行为,功能失调与否是设备运行是否正常的主要标志,也是必不可少的、最重要的监测内容和诊断信息;系统约束指系统设计时要求系统必须满足的约定技术条件的集合;系统状态是指系统结构、功能、约束及其他行为状态的总和,概括为系统结构与系统输出行为的综合.因此从系统行为的角度,可以深入剖析系统的工作状态,实现对故障内涵的本质描述.

定义 2.5 系统的故障：是指系统结构中的某些元素或联系甚至两者同时处于不正常状态，从而导致系统输出的异常、功能的失调或系统约束遭到破坏而不能保证系统在规定期限内安全、正常地运行，系统的这种劣化状态称为故障状态. 在给定的正常工作条件下，系统的功能与约束的条件若不满足正常运行或原设计期望的要求或系统实际输出超越规定界限，则可判定系统发生故障.

该定义体现对故障认识的客观性和主观性的统一. 首先，故障的发生体现在系统结构中元素或联系的不正常状态，另外，对故障的认识因为人的参与具有很强的主观性. 因此，复杂设备的故障与设备层次结构有着密切的联系，图 2.1(b) 以印刷机械设备为例示意了其故障层次结构，从图中可以看出，复杂设备的故障模式结构基本上与设备本身的层次结构相对照，上级系统故障可以逐层定位到下级系统故障，下级系统故障可以向上追溯引起上级系统故障，正确的设备层次结构划分有助于尽快地将故障从系统级向子系统级以及下属的零部件进行准确定位. 复杂设备的故障具有以下几个基本特征：

1. 复杂性

复杂性是复杂设备故障的最基本特性. 由于构成设备的各零部件之间相互联系、紧密耦合，导致故障原因与故障征兆之间表现出极其错综复杂的关系，同一种故障征兆往往对应着几种故障原因，同一种故障原因也会引起不同的故障征兆出现，如图 2.2 所示. 这种原因与征兆之间的不确定对应关系，使得故障诊断过程表现出极大的复杂性.

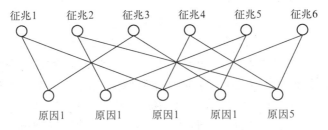

图 2.2 故障征兆与故障原因间的复杂关系

2. 层次性

结构复杂的设备是一个多层次系统,决定了设备故障行为具有极强的层次性特征.无论任何故障现象发生都是与系统的特定层次相联系,高层次的故障可以由低层次性的故障引起,而低层次的故障必然导致高层次故障发生.采用分层的故障分析和定位方法,为制订故障诊断策略和模型建立带来了极大的便利,使复杂系统诊断问题的求解效率更高、更加准确.

3. 相关性

当系统某一层次的某个元素发生故障后,势必影响并导致与之相关的元素状态也发生变化,从而反映到这些元素的功能发生相应的变化,该元素所处的层次对外表现产生新的故障,或导致系统同一层次多个故障并存.任何一个原发故障都存在多条潜在的传播途径,可能引起多个故障同时并存,由于系统结构和功能的相关性体现了系统故障行为与故障现象的相关性.

4. 不确定性

不确定性是复杂设备故障的一个重要特性,也是目前智能诊断理论与方法的重要研究内容,不确定性产生的原因复杂,对复杂设备而言,故障的不确定性因素主要表现为以下几个方面:

● 系统元素特性和联系特性的不确定性.在复杂设备中,不同的时间、不同的工作环境下,各层次的元素特性与各元素间的联系特性不可能是完全确定的,从而导致元素、联系直至系统的状态和行为也很难完全确定.

● 检测与测试设备性能的不确定性.故障信息监测与分析装置本身也属于复杂设备,其自身的不确定性往往导致故障判别的不确定性.这种不确定性不是被诊断对象固有的.

● 系统、元素及联系的状态描述方法的不确定性.它与对诊断对象的认识水平及现有的技术手段有关.

2.1.3 故障诊断的概念及原理

定义 2.6 故障诊断:是指在既定的工作环境下,通过一定的检测策略及方法对诊断对象进行检测,获取诊断对象的故障模式,在此基础上,利用各种分析工具及诊断手段,对反映系统状态的特征信号(正常信号、异常信号)和运行过程的历史信息综合分析和决策,判断系统工作状态(系统输出、系统功能和系统约束)是否正常、系统结构是否发生劣化及其劣化程度,进而根据系统故障与故障征兆之间的因果关系实现故障隔离、故障定位及故障排除的全过程.

由故障诊断的定义可以看出,故障诊断是包含多个阶段的系列过程,它的核心问题是模式识别,包括模式提取和模式匹配.模式是对事物定量的或结构的描述,因此,故障诊断的实质是从设备运行过程及其固有行为体现出的大量信息中发现并掌握大量的故障特征模式,利用所有可以利用的方法和手段进行基于知识的决策推理过程.

在实际故障诊断过程中,由于各种来源信息的差异,以及信息获取难易的区别,通常的故障诊断是选择诸如振动监测信号等一两种信息开展深入的研究[3],对故障做出诊断,同时根据诊断对象重要程度及实际需要,进行不同层次的监测与诊断.目前,故障诊断技术的研究和应用分为以下三个层次:

1. 设备现场监控层,它以保证设备安全运行为目的,借助在线或离线监测系统或仪器,对设备异常变化进行监测或故障趋势预测,同时提供报警或连锁停机功能等,防止事故的发生.

2. 分析诊断层,主要完成设备日常状态历史数据的管理、趋势分析并对有异常的数据进行分析和诊断.目前比较成功的故障监测与诊断系统如西安交通大学的 RB20 系统和英华达 EN‐8000 大型旋转机械振动监测故障诊断专家系统,都属于这个层次的分析与诊断系统.一般来说,这些系统主要是依据某些特定的监测与分析技术,提供丰富的信号分析手段,如时域分析、频域分析、过程参数分析以及数据库、神经网络、专家系统、模糊诊断等诊断方法,为故障诊断提供尽量多的支持工具和软件.

3. 综合诊断层,该层是以高校或专业研发团体的专家知识和技术为基础建立起来的、高等级的故障诊断中心系统.该诊断系统一方面能运用系统的动力学分析理论、模型、方法、实验手段和大量大型分析软件对大型复杂设备的故障机理进行分析、数字仿真和实验验证,对故障产生的机理、影响因素及其相互关系进行深入的分析研究,找出问题之所在;另一方面诊断中心系统可提供更为先进全面的分析诊断方法、故障知识和故障处理方法,为设备故障诊断特别是疑难故障和新出现故障的诊断提供技术、方法、信息和知识上的强有力支持.

2.2 故障诊断模式的变革

2.2.1 传统的故障诊断模式

现代科学技术的发展,推动着设备和生产系统向大型、高效、精密和自动化方向发展.设备功能多、结构日趋复杂,对复杂设备的故障诊断随之也提出了更高的要求.然而长期以来,对设备的监测和故障诊断工作大多采用人工的方法来完成,故障的解决与服务质量在极大程度上依赖于人们的经验和专业知识,一旦设备运行中出现的问题超越了用户的能力范围,只有通过设备制造商派专门的技术人员出差或现场专家会诊的方式来解决.如今,计算机网络技术的飞速发展,网络已经进入日常生活并渗透到工业工程的各个领域,基于网络的远程监测和故障诊断系统实现成为可能,"移动的是数据而不是人"的现代化故障诊断理念在故障诊断领域带来了一场全新的变革.近年来,国内外在远程监控和故障诊断技术领域相继展开了广泛的研究,故障诊断模式主要集中在以下两个方面[58]:

1. 设备客户端诊断模式:将远程诊断系统建立在使用设备客户端,属于典型的一对一诊断服务模式.在原有设备中增加嵌入式接口硬件和具有 WEB 功能的诊断软件,领域专家通过浏览器来实现对设备故障信息的浏览、监控和诊断.设备诊断数据库的建立和知识库的更新由设备客户自行维护.

2. 制造商端诊断模式:将远程诊断系统建立在设备制造商端,

属于一对多诊断服务模式,如图 2.3 所示.制造商把各个用户的设备
现场信号提取到自己的远程诊断系统,诊断系统同时为多个客户的
设备提供诊断和监控服务.设备信息和诊断知识库的更新由制造商
的领域专家维护.

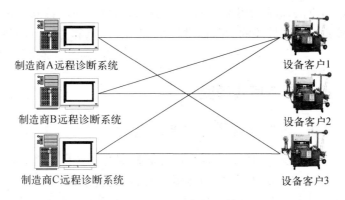

图 2.3　一对多诊断服务模式

综合起来,这两种诊断模式的不足之处在于:

1. 在一对一服务模式下,各客户端需要配置一套支持自诊断
系统的软硬件设施,这不仅增加了设备成本,并且各设备用户的诊
断知识库之间无法沟通,诊断知识有限,知识库不能得到及时更新
和维护.

2. 在一对多服务模式下,制造商各自建立独立的远程诊断系统,
诊断共性技术、资源和工具缺乏共享,尤其当这些企业属于同一行业
集团时,限制了企业集团化协作优势的发挥,并造成大量的资金浪费.

3. 由于各个企业独立发展,企业技术发展不平衡,不利于诊断系
统标准化、规范化,尤其不利于故障诊断技术的深入研究和应用,不
适应集团企业的应用推广.

2.2.2　开放式公共服务平台模式

制造设备及客户的全球化分布对设备进行远程故障诊断提出

了迫切的要求,然而现有的故障诊断模式和诊断方法的不足和局限性[59],无法满足目前故障诊断要求,主要有以下几个方面的原因:

1. 故障诊断的复杂性,特别是针对现代化大型复杂设备,由于设备结构、功能、运行环境的复杂性导致故障与征兆之间的关系错综复杂,使故障发现和故障判别变得越来越困难.

2. 诊断知识的多样性,故障诊断离不开知识的支持,来源于诊断对象的结构、功能、行为的理解和认识所产生的知识,来源于专家的经验知识,以及来源于设备监测和诊断的数据分析工具和从大量的历史数据、信息中发现的潜在的知识等,不但来源广,而且形式多样,如何正确表达、综合这些知识用于故障诊断过程,缺乏统一的方法指导.

3. 诊断系统分散,相对独立.诊断知识有限,问题求解方法单一,对于复杂问题、复杂过程的求解有时显得无能为力.

4. 对象描述、知识表达、过程组织缺乏统一的标准和规范,导致系统兼容性差,扩展能力不强.

现代化大型复杂设备故障本身十分复杂,高效正确地故障诊断需要依赖大量知识、工具及分析手段的支持,传统故障诊断模式的封闭性难以解决好通用性和高效性之间的矛盾.本文提出构建开放式公共服务平台,将分布于广域网络协同环境下的、来自于不同供应商及主要合作伙伴的诊断资源,如实验仪器、实验设施、检测设备、分析软件、工具以及现有的专用、通用故障诊断系统等进行统一整合、动态组织,形成一个可相互调用、相互合作、服务于多制造商和客户的高性能计算和服务环境.用户只需提交诊断任务,服务平台自动对任务进行分类,并分解为若干个子任务,通过动态、分布式调用协作范围内的有效资源,独立或协同的解答用户请求.现代诊断系统的这种工作模式,不仅克服现有故障诊断模式的不足,而且通过充分共享资源、信息与专家知识,充分发挥协作企业自身技术优势,低成本、高质量地完成复杂设备的故障诊断任务.

　　开放式公共服务平台为远程智能故障诊断实现提供了一种思路,体现了平台集中管理和分布式计算相结合的广域分布式资源共享的故障诊断思想,快速响应客户的故障诊断请求,表现出如下独特优势:

　　1. 全面的诊断支持功能.公共服务平台集成了覆盖多个领域的专门技术、专业人员和资源,提供全面翔实、功能强大的诊断支持软件、工具、设施和实验条件,为诊断专家小组提供先进的分析、处理和实验条件.

　　2. 先进的资源集成能力和综合诊断机制.公共平台通过网络将有关领域的专家经验、分散的诊断资源集成起来,并有效整合,提供多种相互支持、相互补充的协同故障诊断方法和技术,充分发挥现有技术、资源的整体优势和综合解决问题的能力,更好地为诊断过程服务.

　　3. 强大的自我完善能力和开放性.公共服务平台依托领域专家、先进的软硬件条件和丰富的实践机会,不断地充实新的故障诊断知识和专家的经验,不断吸收新的分析诊断工具,以及成功的专家系统等网络化诊断资源的加盟,以适应日趋复杂多变的诊断要求.

　　4. 低运行成本所带来的良好的性能价格比.借助于现有的企业内部网、教学科研网和 Internet 资源将企业内部及企业和科研院所连接起来,建立以现代信息技术和系统为核心的信息基础环境,支撑公共服务平台的低成本运作.通过共享的公共服务平台,普通技术人员在丰富的专家知识和大量的分析工具、分析手段的支持下,大大提高了故障诊断的效率和准确性,在一定程度上预防严重故障的发生;设备用户可以在线及时享受到高效、优质的服务,协助快速排除系统故障,降低由于设备故障或停车造成的巨大损失.

　　5. 有效的信息共享和资源重用能力.以通用的网络为基础,利用公共服务平台实现广域范围的信息共享和资源重用,消除信息孤岛,使诊断资源能被不同的诊断程序多次重用,加强了制造商与客户之间的联系和技术合作,对于快速灵活地响应客户要求、提高产品质量和客户满意度、增强制造企业竞争力具有重要意义.

2.3 基于开放式公共服务平台的故障诊断模式

智能故障诊断技术作为一个新兴的研究领域,在目前的研究和开发工作中,大量的思想和精力集中在针对某个具体的目标系统,并为之提供尽量多的分析方法和尽量准确的诊断算法,导致分析的难度越来越大,诊断的准确性并没有得到很大改善.

现代化设备是一个高度集成的有机整体,大量的零部件、软件甚至是子系统来自不同的供应商,当设备发生故障时,仅靠制造商单方面的技术力量往往不能完全解决问题. 因此采用任务分解、对故障分层定位的研究方法,并综合各种信息特征、提高系统自学习能力,有效共享并充分利用诊断知识、资源,发挥资源协同决策优势是建立开放式服务平台着重研究和首要解决的问题.

要解决这个问题,一个有效的方法是确立以故障知识管理为中心,从故障信息的采集、分析、提取、识别、管理、传递到故障的多方位、多信道知识发现、集成和协同应用等方面研究故障诊断的方法,建立有多种知识、多类方法、多组信息等多方面资源支持的开放式协同故障诊断系统体系结构,开发出能综合运用各种资源或多级相互支持的故障诊断系统. 特别注意对相互支持、相互补充的诊断方法及诊断资源如何进行集成和协同应用开展研究,并在故障诊断中加以实现.

2.3.1 基于开放式公共服务平台的故障诊断原理

基于开放式公共服务平台的智能故障诊断系统,其核心思想是平台集中管理和基于分布式广域资源共享的协同决策实现. 其原理如图 2.4 所示.

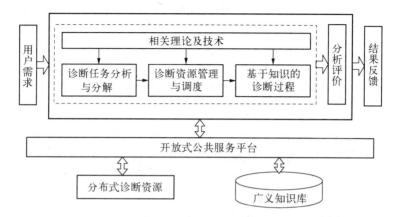

图 2.4　基于开放式公共服务平台的故障诊断原理

基于开放式公共服务平台的故障诊断包括以下几个过程：

1. 诊断任务的分析与分解

诊断中心接收设备客户的诊断请求,包括任务要求、状态说明以及设备状态数据等,利用知识库中有关设备层次结构、功能原理、故障机理以及历史分解方式等知识定义,对请求任务进行分析和判断,将复杂任务分解成一系列面向子系统的简单任务,提交给系统资源管理与调度模块进行处理,以便于进行故障的快速定位.

2. 诊断资源的动态管理与调度

根据诊断任务分析与分解模块的处理结果,动态分配并优化调度系统内部及广域分布的诊断资源予以支持.通过诊断资源的动态集成和松散耦合,系统平台可以适应不同的诊断任务请求,具有灵活的可扩展性.

3. 子任务求解

对每个子任务进行基于现有方法和技术的诊断求解.

4. 诊断任务解的形成

对各子任务的结果进行优化和分析,通过基于知识的综合处理过程,经过分析评价获得最终诊断结果,确定故障发生的部位及故障产生的原因.

与传统故障诊断模式相比,基于开放式公共服务平台的智能故障诊断具有以下特点:

1. 以客户为中心,转变以产品为中心的传统观念,建立起以客户为中心的新型客户关系,将企业的职能从硬产品提供向软产品服务延伸,扩大企业的市场空间.

2. 以有效性、敏捷性、经济性为目标,在保证质量的前提下,快速响应客户要求并具有较低的服务成本.

3. 以智能化故障诊断为手段,促进多学科的交叉、融合和渗透.

以公共服务平台为环境支撑,建立以现代信息技术为核心的信息基础环境,如网络系统、数据库、知识库等,支撑远程服务与故障诊断系统的运作.

基于开放式公共服务平台的故障诊断模式,是一种广域资源集成、过程优化、跨学科、并以客户为中心的新型故障诊断模式.它的主要技术内容包括:领域问题描述、知识获取研究、自组织故障诊断过程实现、协同分析与决策评价等.

1. 领域问题的描述

领域问题的描述是故障诊断的前提和基础.从个性出发,研究领域问题的共性,解决系统的通用性和高效性之间的矛盾.

2. 对知识获取的思考

知识获取是基于知识系统的关键内容,研究知识的自动获取技术对于智能故障诊断系统的实现具有重要意义.

3. 诊断过程的实现

从结构、行为和知识及其内在关联深入剖析故障诊断过程,进一步提高复杂设备故障诊断的智能性.

4. 分布式诊断资源的动态管理和调度

从知识共享和集成的观点,建立基于开放式公共服务平台的系统架构,对基于知识的智能故障诊断提供有力支持.

5. 诊断决策与评价

从支持故障诊断过程及诊断方案实施的角度,考虑故障诊断中相互联系的两个方面——决策和评价.

2.3.2 基于开放式公共服务平台的故障诊断流程

故障诊断的基本步骤主要包括:任务分析和分解、资源调度、资源优化利用和诊断决策、综合分析和评价过程组成.基于开放式公共服务平台的故障诊断流程如图 2.5 所示.

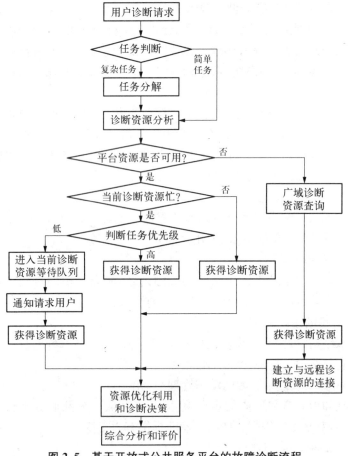

图 2.5 基于开放式公共服务平台的故障诊断流程

2.4 远程智能诊断系统的总体架构

2.4.1 系统体系结构

设备本身功能结构的复杂性决定了故障诊断是一个极其错综复杂的过程,涉及数据采集、远程通讯、信号分析、特征提取、故障诊断、评价决策等多个方面.实现真正意义上的远程智能故障诊断,良好的体系结构是基础,功能齐全的平台是保证.由此,提出图2.6所示的具有开放式接口的远程智能故障诊断系统体系结构.

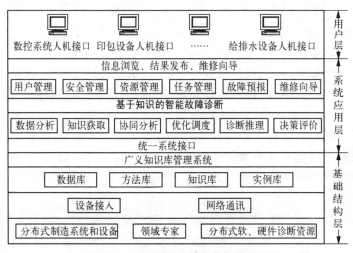

图2.6 远程智能诊断系统体系结构

该结构集中描述了系统结构、功能及应用,包括三个层次:基础结构层、系统应用层、用户层.按照功能可以分解为6个子层次:环境支撑层、物理通讯层、数据支撑层、工具层、应用层、用户层,各层次之间按照一定的方式相互结合、相互作用和影响,体现了系统中信息、知识、方法及应用的集成与组织策略.

2.4.1.1 基础结构层

基础结构层是指构成远程智能诊断系统的软硬件基础环境,包

括以下三个子层次:

1. 环境支撑层

包括分布式制造系统和制造设备、领域专家以及分布式软件、硬件诊断资源等,它们是数据、信息、知识、策略的来源,通过网络实现与系统平台的动态交互. 它们的变化将会引起数据支撑层、系统应用层、用户层中的相关数据、信息和知识的改变,以适应动态变化的环境.

2. 物理通讯层

包括远程设备接入和网络通讯,是系统平台的物理支撑,从设备现场到智能诊断平台,提供一个安全、可靠的数据通道.

3. 数据支撑层

在故障诊断系统中,涉及大量的设备状态及运行数据,同时也包括大量的知识. 知识和数据虽然不同,但从广义角度分析,知识是底层数据经过归纳、综合并经过分析、比较、推理等处理后得到的高层次信息,一般包括数据和规则两部分内容. 二者存在的形式、应用的方式不同,如,既可以采用合适的表达形式来表示知识,同样也可以用成熟的数据库技术来管理知识,因此,结合本文的研究,这里将数据和各种类型知识作为广义知识,通过数据库管理技术进行广义知识管理.

系统的数据支撑层逻辑上形成四库协同拓扑结构,包括数据库、知识库、方法库、实例库,通过广义知识库进行统一管理,它们为系统应用层提供数据支撑. 数据库存放与设备监测和故障诊断有关的信息,如设备状态信息、历史数据等,为信号分析、数据挖掘、智能诊断等提供原始数据支持;知识库存储大量领域专家的经验、知识和使用这些知识的知识;实例库存放用户提供的一些实例及诊断过程中产生的新实例;方法库中存放相关的故障诊断方法.

2.4.1.2 系统应用层

系统应用层是指用于支持智能故障诊断的各种应用工具、软件、

系统功能模块以及分布式软硬件资源的统一系统接口,包括以下两个子层次:

1. 工具层

基于基础结构层提供的数据、信息和知识,通过有效地组织和管理,得到面向实际需求的功能求解实体,反映了系统运用知识解决问题的能力.具体包括数据分析、知识获取、协同分析、优化调度、诊断推理及决策评价等.

智能故障诊断系统是一个基于知识的计算机应用系统,它运用人工智能、知识工程的方法,进行数据分析和知识发现,把故障诊断过程涉及的各类知识及分布在广域环境下的诊断资源组织起来,建立相应的资源分配和调度机制.在进行故障诊断时,利用隶属于平台的诊断资源和建立的推理机制进行推理、评价和决策等活动,实现基于知识的智能故障诊断过程.随着诊断资源的不断加入和系统的不断优化,系统的功能将会不断发展和完善.

2. 应用层

把所开发的应用工具与用户设备诊断需求相结合,在各种诊断资源及工具的支持下,完成基于知识的智能故障诊断过程并处理诊断结果.应用层包括用户管理、安全管理、资源管理、任务管理、故障预报、维修向导等.

2.4.1.3 用户层

用户层提供与外界的人机接口,通过 Web 页面与系统交互. Web 服务器根据用户任务请求定制满足用户要求的页面,实现故障诊断结果信息通过 Web 服务器予以动态发布.

2.4.2 系统运行结构

系统运行结构描述了基于网络的系统分布式结构及运行模式,如图 2.7 所示.包括三大子系统:数据采集子系统、智能诊断子系统和网络通讯子系统.

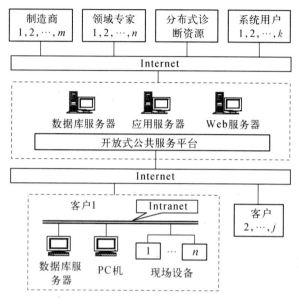

图 2.7   远程智能诊断系统运行结构

1. 数据采集子系统

负责远程设备的数据采集,为智能诊断的顺利进行提供必要的数据保证和支持.采集的信息包括:采样信息、设备工作状态信息、设备类型信息、时间信息、设备位置状况以及现场的声音、图像等.

2. 智能诊断子系统

智能诊断子系统是整个系统平台的核心,以信息技术为纽带,将分布在广域范围内的诊断资源如领域知识、专家经验、实验设备、相关技术、方法、工具等集成起来,提供多种相互支持、相互补充和相互冲突信息的融合、集结或综合的算法和技术,形成资源共享、互相支持协作的智能故障诊断系统.

3. 网络通讯子系统

包括互联网通讯系统、电话网通讯系统、数据通讯接口、设备接入系统等,负责故障诊断平台与设备现场数据通讯和信息交流,针对不同的客户设备情况可以实现不同的设备接入系统的灵活定制.

可以看出,在远程智能诊断系统中,远程数据采集及网络通讯是保证,智能诊断是系统的核心功能模块,是本文研究的重点.

2.4.3 系统体系特征

基于公共服务平台的远程智能故障诊断系统体系的基本特征主要表现为开放性、知识性、协同性、智能性和集成性.

1. 开放性

表现为系统资源的可扩充性、系统功能的可扩展性. 在故障诊断过程中,需要大量知识、诊断手段和工具的支持,仅仅依靠制造商或单个诊断系统的技术力量常常不能满足设备用户的要求. 利用信息技术构建开放式公共服务平台,实现广域分布式资源的动态集成和资源共享,形成一个知识资源顺畅共享、故障诊断和维护等信息高效交互、系统功能不断完善的开放式系统体系.

2. 知识性

本系统所涉及的知识是故障诊断领域中与设备故障相关的领域知识,包括实例知识、方法知识、规则知识、控制知识和元知识等,它们是进行故障诊断的决策依据.

3. 协同性

故障诊断以开放式公共服务平台为基础,充分利用系统以及分布在广域范围的诊断知识资源实现基于知识的协同诊断过程,因此,涉及多种协同机制,如管理协同、资源协同、人机协同等.

4. 智能性

智能性体现在故障诊断过程中的自动知识获取以及基于知识的各种决策支持. 其中决策支持包括诊断任务的分析与分解、诊断方法及工具的选择、资源的优化调度、推理机制的确定以及对不同诊断结论的评价等.

5. 集成性

集成性首先表现为开发环境、分布式软件、硬件资源的集成;其次是知识的集成,包括设备本身的功能、结构以及所有物理特征有规律变化知识的集成.另外,集成性还表现在诊断决策过程中的不同诊断方法的综合和不同推理模式的集成.

2.4.4 系统关键技术

智能故障诊断是一个基于知识的决策过程,复杂设备系统的智能诊断更是一个涉及多学科交叉、多个方法支持、多样资源共享、多种知识集成的多阶段复杂过程.因此,实现对复杂设备故障的远程智能故障诊断,必须注重以下几个关键技术的研究:① 知识建模技术;② 知识推理技术;③ 知识管理技术;④ 智能诊断技术.

2.4.4.1 知识建模技术

故障诊断是一个包括知识获取、知识表达及基于知识进行决策的复杂过程,不仅要求系统能对简单故障进行识别,更重要的是要能够对多故障同时发生及故障之间相互作用影响的复杂诊断任务进行分析和分解,实现复杂情况下故障的正确判断和决策以及结果评价,针对这种复杂情况,构建诊断模型是关键.目前,研究较多的基于某种特定信号的故障诊断,如基于振动信号的诊断等,对于多个故障同时存在及征兆之间相互影响的复杂设备故障情况,很难有效地做出故障决策.因此,要有效地支持设备的故障处理,必须考虑基于知识的故障诊断建模技术.

基于知识的故障诊断建模方法以人工智能方法为特征,采用面向对象思想,基于知识推理、决策等人工智能方法,将关于设备结构、原理、行为和环境等的领域知识和专家经验集成起来构建故障诊断知识模型,这种方法将设备的结构和行为通过知识模型联系起来,有效支持故障诊断过程的实现.

2.4.4.2 知识推理技术[60-62]

所谓推理就是按某种策略由已知信息推出某种结论的思维过程.智能系统具有思维能力,即能运用知识进行推理,做出判断.因此,如何将设备运行过程获取的状态信息映射到相应的属性空间、结论空间即是解决故障诊断过程中的推理问题.

1. 基于规则的推理

基于规则的推理(Rule-Based Reasoning, RBR)是利用从领域专家获得的经验规则,根据已经掌握的知识进行推理,如同医生根据医学知识给出治疗方案的过程.对故障诊断而言,就是运用知识库中存放的有关设备故障的领域知识,对故障做出诊断推理.

但是,RBR方法缺乏"鲁棒性",规则不可能涉及到不可预见的故障,同时经验规则的获取比较困难,随着规则的增多,其维护也会比较困难.

2. 基于模型的推理

基于模型的推理(Model-Based Reasoning,MBR)是利用被诊断对象的结构、功能、行为和原理等方面的知识,构建定性或定量模型,其知识表示可以用事实与规则,以及数学模型或公式等来描述,诊断推理采用模式匹配、逻辑算法和算法程序得以实现.MBR是当前人工智能在故障诊断应用研究中的热点和难点,与RBR相比,MBR方法具有更好的"鲁棒性",缺点是不如RBR方法效率高、速度快.基于人工神经网络、模糊理论等方法的诊断推理都属于该类推理模式.

3. 基于案例的推理

案例推理(Case-Based Reasoning, CBR)技术起源于70年代,是人工智能发展过程中涌现出来的区别于RBR和MBR的一种推理模式,它是指利用旧的实例或经验来解决问题,评价解的方案,解释异常情况或理解新情况.CBR对人工智能的贡献体现在以下几个方面:a) 知识获取、维护容易;b) 可改进问题的求解效率;c) 对难于总结的设计规则,案例推理显得更为有效;d) 更符合领域专家的思维习惯;e) 具有自学习能力.

故障诊断过程实际上就是基于知识的决策推理过程,其对象的功能空间到属性空间映射关系的复杂性,决定了大型复杂设备故障诊断中的推理应采用集成的推理方式,即在实际诊断过程中,集成应用多种推理方式,取长补短,更好地完成故障诊断过程.

2.4.4.3　知识共享和重用

现有大多数故障诊断系统的一个显著缺点是它的封闭性,系统只能利用本地资源,系统设计一旦完成,资源扩充非常困难. 为了在提高系统诊断效率的同时降低诊断系统的建立和维护费用,系统必须具有开放性和资源的可重用性,尤其是知识的共享和重用将大大降低开发和维护费用,另外共享和重用知识便于构造出灵活的、组件化的诊断系统,从而更能适应变化的环境,对于复杂的诊断任务仍能保证较高的诊断效率.

通过两种方法实现知识共享和重用[63],一是动态方式,即在求解具体问题的过程中通过动态调用客户/服务器结构中其他的知识模块作为系统知识的一部分;二是静态方式,即在建立和开发知识系统的过程中利用已有的知识模型及知识形成知识系统.

2.4.4.4　知识管理技术

当今企业管理的趋势是从信息管理走向知识管理,从信息资源开发走向知识资源开发. 企业的管理系统将从以结构化信息为核心的管理信息系统 MIS/ERP,逐渐转变成以知识管理系统(KMS)为核心的立体化企业管理系统[64].

从不同的角度对知识管理有不同的定义,从经营管理的角度,知识管理是一系列新型经营管理方法和管理理念的总和,主要研究如何最有效地整合共享企业所有有用的信息、知识和资源,使之发挥最大效力,为企业保持竞争优势和可持续发展服务;从技术的角度,知识管理是一种用来辨别、管理和共享企业中所有的信息资源的集成的和系统的方法,其目标是帮助使用人员快速而方便地找到所需要的信息,使最恰当的知识在最恰当的时间传递给最合适的地方以支持最佳决策,如诊断决策、管理决策等. 故障诊断过程涉及各种类型的数据、信息和知识,本文将它们作为广义知识进行统一管理.

2.4.4.5　智能诊断技术

由于人工智能可以利用计算机模拟人类的智能活动,可以充分发挥领域专家的经验在故障诊断中的直接快速推理、理解、决策和学习能力,又能方便地将诊断方法推广应用到各种不同的诊断对象,完全摆脱传统方法的束缚,因此将人工智能的理论和方法应用到故障诊断领域,指导故障诊断过程的实现,推动了智能诊断技术的发展.智能故障诊断的实质是基于知识的智能决策过程,故障诊断过程涉及的知识众多,但知识本身不能解决任何问题,如何有效地利用知识及各种资源形成求解问题的方案和策略是智能的核心体现,也是智能故障诊断研究的关键内容.

2.5 本章小结

本章首先阐述了故障诊断的概念与原理,从故障诊断模式框架的角度对比分析传统故障诊断方法的缺陷和不足,提出基于开放式公共服务平台的远程故障诊断模式.以支持设备智能故障诊断为指导,研究开放式公共服务平台模式下远程故障诊断系统体系结构、工作原理与诊断过程实现机制,探讨系统建立的总体架构,体系特征以及系统实现的关键技术.

第三章 基于知识的智能 故障诊断技术

知识是智能得以体现的基础,基于知识的智能故障诊断技术是工程领域中故障诊断问题的核心研究内容. 因此,从信息、知识、智能的辩证关系的角度,从智能行为与自组织本质的相似性的观点,研究智能故障诊断的原理和自组织过程规划,对于实现基于知识的智能故障诊断起着重要的作用.

3.1 智能理论的哲学思考

3.1.1 智能的探索和内涵[65]

科学技术经历了 20 世纪的巨大发展,迈向了以信息技术为标志的新时代和新千年. 如果说机械化、电气化作为人手的延伸已经显著减轻了人类体力劳动强度的话,那么,信息化、智能化将作为人脑的扩展而大大提高脑力劳动的效果.

翻开人类进化发展的数百万年历史,就可以发现,在漫长的岁月中,人们为了争生存求发展,对周围大自然环境进行着不懈的探索和改造,逐渐造就了一个宇宙间结构最精细、机理最奥妙、功能最完善的大脑. 然而长时期以来,人们对这个无比聪明的大脑高级智能活动的机理和运作方法,仍然处于一知半解的初期阶段. 由于智能科学的重要性以及探索智能的艰巨性,人工智能与空间工程、生物工程一道被列为当代三大尖端科学工程,智能机理的探索如同生命的诞生、宇宙的起源一样成为科学界永恒的研究课题.

关于智能的内涵,目前没有明确的定义,一般而言,智能常被称为学习、理解和推理的能力，是指人类认识客观事物并运用知识解决实际问题的能力，它集中表现在反映客观事物深刻、正确、完全的程度上，以及应用知识解决实际问题的速度和质量上．智能的核心在于知识，包括感性知识与理性知识、经验知识与理论知识．从知识的观点看，智能表现为：知识获取能力、知识处理能力和知识适用能力．

智能理论是探索人类智慧的奥秘与规律及其在机器中复现人类智能的科学，是现代科学研究的前沿．对智能理论的研究体现在两个方面，一方面是对智能的产生、形成和工作机制的研究，来源于生命活动，是智能的本质涵义；另一方面是研究如何用人工的方法模拟、延伸和扩展智能，以及研究如何提高机器的智能水平，使机器成为具有感知、推理和决策的智能机器系统．前者称为生物智能理论，主要是生理学和心理学的研究范畴；而后者称为人工智能（Artificial Intelligence，AI），主要是理工学的研究领域．智能理论的分类层次结构如图 3.1 所示：

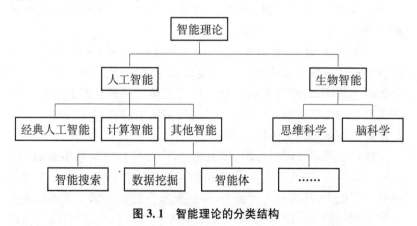

图 3.1　智能理论的分类结构

3.1.2　信息、知识和智能的辩证关系

如上所述，智能的产生离不开知识的支持，而知识是从相关的信

息中抽象而成. 正如苏联科学院院士哈尔凯维奇在他 1955 年出版的
《通信论简述》中指出的, 信息学存在一个如同物理学"能量守恒与转
换"那样的基本定律. 信息学的核心和灵魂是把信息提炼成知识并把
知识激活成智能. 因此, 信息、知识和智能的转化理论被认为是信息
学的能量守恒与转换定律[66].

为了揭示信息、知识和智能之间的内在关联, 先对照地研究信
息、知识和智能的定义:

定义 3.1 从本体论意义上, 信息是指事物运动的状态和状态
变化的方式. 通常来说, 知道某个事物现在处于什么样的运动状态
以及知道这些运动状态是按照什么样的概率分布规则进行变化, 那
么, 由状态空间和概率分布结合而成的概率空间, 就充分地刻画了
该信息.

定义 3.2 从认识论的范畴, 知识是关于事物运动的状态和状态
变化的规律. 由具体的状态变化方式到抽象的状态变化规律, 其间所
经历的变化是人们对信息进行的提炼和加工, 因此信息和知识概念
一脉相通, 知识是信息加工的规律性抽象产物. 对照地, 这里给出智
能的概念.

定义 3.3 在给定的问题、问题的环境和主体目的的条件下, 智
能就是有针对性地获取问题与环境的信息, 恰当地对这些信息进行
处理以达到认知, 然后在此基础上结合主体的目的信息合理地产生
解决问题的策略信息, 并利用所得到的策略信息在给定的环境下成
功地解决问题达到主体目的的能力.

由智能的定义可以得出, 作为能力, 智能包括三个基本方面: 首
先有认知能力, 即获取有关信息和恰当处理这些信息并由此生成相
应知识的能力; 其次有决策能力, 即根据所得的知识结合主体目的生
成解决问题的策略信息的能力; 最后具有实施的能力, 即利用所生成
的策略信息在给定的环境下实际解决问题达到目的的能力. 因此, 信
息、知识和智能三者是相互依存、不可分割的, 它们之间的关系如图
3.2 所示:

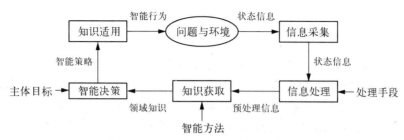

图 3.2 信息、知识和智能的相互关系

总之,信息、知识和智能之间的关系可以这样表述:信息是基本资源,知识是对信息加工所得到的抽象化产物,智能是利用信息资源加工生成知识、进而激活知识生成解决问题的策略信息,并在策略信息引导下解决具体问题的能力.

3.2 故障诊断方法概论

方法论是基于某一理论的一组相关方法的集合,故障诊断方法论是基于故障诊断理论的一组相关方法的集合.按照通行的分类方法,可以将故障诊断方法分为基于解析模型的方法、基于信号处理的方法和基于知识的方法三大类[67].

3.2.1 基于解析模型的方法

基于解析模型的方法是最早发展起来的,此方法需要建立被诊断对象的较为精确的数学模型,分为参数估计方法、状态估计方法和等价空间方法.这三种方法虽然独立发展,但它们之间存在着一定的联系,现已证明基于观测器的状态估计方法与等价空间方法是等价的,文献[68-70]讨论了它们之间的联系.复杂系统及设备属于典型的非线性系统,非线性系统的故障诊断的难点在于数学模型很难建立,相比之下,参数估计法比状态估计法更适合复杂系统,因为复杂系统状态观测器的设计有很大困难.目前,只有对某些特殊的非线性系统有研究,而通常的等价空间法仅适用于线性系统.

3.2.1.1　状态估计法

状态估计法的基本思想是:首先重构被控过程的状态,通过与可测变量比较构成残差序列,再构造适当的模型并用统计检验法,从残差序列中把故障检测出来.这就要求系统可观测或部分可观测,通常用各种状态观测器或滤波器进行状态估计.

3.2.1.2　等价空间法

等价空间法的基本思想是:利用系统实际输入输出的测量值检验系统数学模型的等价性,从而实现故障的检测和分离.常用的等价空间法有:基于约束优化的等价方程法、广义残差产生器法、方向性残差序列产生法、近似扰动解耦等价空间法等.

3.2.1.3　参数估计法

参数估计法与状态估计法不同,不需要计算残差序列,而是根据参数变化的统计特性来检测故障的发生.将参数估计方法和其他基于解析模型的方法结合起来使用,可以获得更好的故障检测和分离性能.

3.2.2　基于信号处理的方法

基于信号处理的方法回避了抽取对象数学模型的难点,直接利用信号的各种时频统计特征,如相关函数、高阶统计量、频谱和自回归滑动平均过程等来检测故障的发生,对于线性和非线性系统都是适用的.

3.2.2.1　利用 Kullback 信息准则检测故障

文献[71]提出了一种利用 Kullback 信息准则进行故障检测的方法,它首先利用基于 Goodwin 的随机嵌入方法把未建模动态特性当作软界估计,利用遗传算法和梯度方法辨识参数和软界.然后在 Kullback 信息准则中引入一个新指标评价未建模动态特性,合理确定阈值,选择合适的决策方案实现故障诊断.

3.2.2.2　基于小波变换的故障诊断方法

小波变换是 80 年代后期发展起来的一种基于多分辨率思想的时

频分析方法.它与短时傅立叶变换的最大不同之处是其分析精度可变,在时—频相平面的高频段具有高的时间分辨率和低的频率分辨率,而在低频段具有低的时间分辨率和高的频率分辨率,克服了傅立叶变换中时频分辨率恒定的弱点.因此既能对信号中的短时高频成分进行分析,又能在很好的频率分辨率下,对信号的低频进行估计.利用连续小波变换可以检测信号的奇异性,区分信号的突变和噪声,因为噪声的小波变换的模极大值随着尺度的增大迅速衰减,而信号的小波变换在突变点的模极大值随着尺度的增大而增大,离散小波变换可以检测随机信号的频率结构的突变.

基于小波变换的故障诊断方法无需对象的数学模型,对噪声的抑制能力强,有较高的灵敏度和较小的运算量,可以进行在线实时故障检测,是一种很有前途的诊断方法.另外,小波变换与其他智能计算方法相结合也是一种很好的思路,文献[72]结合了小波分析与神经网络的特点,构建了一种小波网络来检测突变的故障信号.

3.2.3 基于知识的方法[73]

基于知识的诊断方法是以知识处理技术为基础,通过引入诊断对象的领域专家经验知识,实现了辩证逻辑与数理逻辑的集成、符号处理与数值处理的统一以及推理过程与算法过程的融合,该类方法不需要定量的数学模型,是一种很有前途的方法,是智能故障诊断技术的核心.基于知识的方法包括规则推理方法、模糊推理方法、模式识别方法和神经网络、定性模型方法等.

3.2.3.1 基于神经网络的方法[74]

由于神经网络具有自学习和能拟合任意连续非线性函数的能力,以及并行处理、全局作用的优点,使得它在处理非线性问题和在线估计方面有很强的优势.大型复杂设备的不确定性使得建模越来越困难,受掌握的特征知识的限制,很难建立准确的没有病态的推理规则,充分运用神经网络良好的容错性和自学习能力进行诊断推理是当前基于知识的故障诊断的一种重要方法.

然而神经网络方法也有一些缺点,如它的知识是分布于网络结构和网络权值中的,推理的解释机制不明确. 另外,神经网络的学习算法对训练样本要求较高,容易陷入局部极小,推广能力较差等.

3.2.3.2 模糊推理方法

模糊推理符合人类的自然思维过程,善于处理不确定、不精确的定性知识,符合人的自然推理过程,是故障诊断方法研究的一个热点[75]. 基于模糊推理的故障诊断方法主要有:基于模糊模型的故障诊断方法;采用模糊逻辑自适应调节残差阈值;基于模糊小波分析技术进行故障诊断等.

单独用模糊方法进行故障诊断并不多见,模糊方法是一种半定量方法,在表述知识和推理方面有独到之处,因此,一般把模糊方法与其他方法结合,以期得到更好的结果,如模糊神经网络、模糊小波等.

3.2.3.3 基于定性模型的方法

用于故障诊断的模型大致分为三种类型,即定性模型、半定性模型和定量模型. 定性模型包括:符号定向图、语言变量、定性过程理论、定性仿真和维数分析等.

符号定向图采用图示法描述过程变量之间的因果关系,给出了过程变量的定性描述,使系统的结构直观化. 定性仿真是定性推理的一种方法,它把系统行为描述为状态转换图,系统可能的行为则是图中的一条路径. 系统的定性模型由一组表示系统物理参数的定性变量和一组表示各参数间相互关系的定性方程构成,定性仿真则是描述并模仿系统的结构,以确定从给定的初始状态出发得到当前系统状态.

3.2.3.4 基于模式识别的方法

故障诊断的实质是模式识别,它将系统的不同状态视为不同的模式类,从采集到的故障信号中提取和选择特征,根据特征向量构造判别函数,进行状态分类即模式识别. 所构造的判别函数一般有:Bayes 判据、线性判别函数、非线性判别函数等等. 模式识别的特征是条理清楚、由判据函数体现出来的规则十分明确,因而在故障诊断中应用十分广泛.

3.3 智能行为的自组织描述

3.3.1 智能行为的理论基础

智能理论的发展是与数学、物理、认知学和生物学等学科领域的发展密切相关的. 本世纪前期,由 Wiener 提出的控制论、Shannon 提出的信息论和 Einstein 提出的相对论被称为本世纪科学技术发展中的老三论,它们的发展推动了信息科学、控制理论等的进步,同时也促进了计算机技术、自动化技术和人工智能的发展. 与此相对应,在本世纪中叶开始出现的以耗散结构理论、协同理论及突变理论为核心的新三论对于智能理论的研究起着重要的作用[65].

耗散结构理论[76,77]是比利时物理学家 I. Prigogine 教授于 1969 年创立的. 根据这种理论,一个远离平衡的开放系统,通过不断地与外界交换物质和能量,使系统参量变化达到一定的阈值后,可能从原有的混乱无序的状态,转变为一种在时间上、空间上或功能上有序的状态,这种有序状态称为"耗散结构".

协同理论[78]是原西德物理学家 H. Haken 于 1973 年提出的,研究复杂系统中各个子系统之间相互协同作用,完成从无序到有序进化的自组织能力. 协同理论认为由大量微小单元组成的系统,在一定的外部条件下,通过各单元的相互作用,可以自发地协调各个单元的行为,从而产生宏观的空间结构、时间结构与功能结构. 这一理论认为在临界状态上,偶然的涨落经过放大,将起到推动有序化的作用.

突变理论是法国数学家 Rone Thom 于 1972 年提出的,该理论描述各种不连续的质变现象和突变行为,将偶然性与必然性、随机性与确定性有机地统一.

由于智能行为是一系列基于知识的行为集合,涉及知识的表示、获取、组织和运用,存在着大量的、零碎的知识由无序向有序变化的过程,具有一定的自组织特性. 因此,新三论的出现为智能理论的发展提供了必要的理论基础.

3.3.2　自组织的概念和特征[79]

自组织是现代非线性科学和非平衡热力学的最令人惊异的发现之一. 基于对物种起源、生物进化和社会发展等过程地深入观察和研究,一些新型的横断学科从不同的角度对自组织的概念给出了定义[80]:

1. 从系统论的观点,自组织是指一个系统在内在机制的驱动下,自行从简单向复杂、从粗糙向细致方向发展,不断地提高自身复杂度和精细度的过程.

2. 从热力学的观点,自组织是指一个系统通过与外界交换物质、能量和信息,从而不断地降低自身的熵含量,提高其有序度的过程.

3. 从统计力学的观点,自组织是指一个系统自发地从最可几状态向几率较低的方向迁移的过程.

4. 从进化论的观点,自组织是指一个系统在"遗传"、"变异"和"优胜劣汰"机制的作用下,其组织结构和运行模式不断地自我完善,从而不断提高其对环境的适应能力的过程. C. R. Darwin 的生物进化论的最大功绩就是排除了外因的主宰作用,首次从内在机制上、从一个自组织的发展过程中来解释物种的起源和生物的进化.

总之,自组织是指具有一定功能的非线性多态系统在离开平衡态时从无序变为有序的过程. 对系统有序的研究,最具代表性的就是作为智能理论基础的耗散结构理论和协同理论. 在包括生命系统在内的许多天然系统中,自组织现象是最引人入胜而又发人深省的一种行为. 与"他组织"相比较,自组织系统的行为模式具有以下突出的特征:

1. 信息共享

系统中每一个单元都遵循统一的控制规则和行为准则,这部分信息相当于生物 DNA 中的遗传信息,为所有的细胞所共享.

2. 单元自律

自组织系统中的组成单元具有独立决策的能力,在控制规则的约束下,每一个单元有权决定它自己的对策与下一步的行动.

3. 短程通讯

每个单元在决定自己的对策和行为时,除了根据它自身的状态以外,往往还要了解与它邻近的单元的状态;单元之间通讯的距离比系统的宏观特征尺度要小得多.

4. 微观决策

每个单元所做出的决策只关乎它自己的行为,而与系统中其他单元的行为无关;所有单元各自行为的总和,决定整个系统的宏观行为.

5. 并行操作

系统中的各单元的行动和决策是并行的,并不需要按什么标准来排队,以决定其决策与行动顺序.

6. 整体协调

在诸单元并行决策与行动的情况下,系统结构和控制规则保证了整个系统的协调一致性和稳定性.

7. 迭代趋优

自组织系统的宏观调整和演化并非一蹴而就,而是在反复迭代中不断趋于优化.

3.3.3 智能行为的自组织描述

从对智能本身的探索和其内涵的描述可以看出,智能行为是一个极其复杂的过程,首先表现在它固有的非线性上;其次表现在多自律单元的协同及其突现行为上;第三表现在它的非平衡性;最后,智能行为生存在一个随机变化、难以预测的环境中,它必须具有随机应变的能力.对于如此复杂的系统,以任何传统的运行模式和控制方法都是无法驾驭的,而必须考虑更新的思想方法和行为模式,寻求新的途径和手段.

自组织过程所揭示的系统利用自身内部所产生的力量生成耗散

结构,实现从无序到有序、从低级有序到高级有序的不可逆演化过程,能够较好地说明非均衡、动态和复杂的生成与演化过程,充分体现了进化的本质思想. 智能行为过程所具有的内在属性,使其成为一个自组织进化过程,主要表现在以下几个方面[81]:

3.3.3.1 智能行为过程的不确定性

不确定性是智能行为过程的基本特征,但是不确定性并不是绝对的随机性,它存在着一定程度的规律性. 不确定性在两种意义上意味着需要建立组织制度:首先需要形成智能行为过程的组织制度,这是组织规则、信念和形态的内生发展;其次需要组织制度来协调智能行为过程各成员之间的相互作用. 因此智能行为过程是一个有组织的过程,对包含有研究、评价、决策和实施的智能行为过程的每一阶段,都依靠系统力量消除不确定性,促使智能行为沿正确轨道进化.

3.3.3.2 智能行为过程的复杂性

智能行为过程包含了设想形成、目标确定、理论研究、技术支持、仿真分析等诸多环节. 智能行为过程内部各要素之间的非线性相互作用,体现了智能行为的复杂性. 正反馈机制是形成系统复杂性的根本原因,它使系统有多个均衡点,智能行为过程经过自组织的负反馈行为使系统趋于唯一的静态均衡点. 因此智能行为必须考虑其自身的复杂性特征形成的自组织机制.

3.3.3.3 智能行为过程的自组织性

智能行为过程表现的非线性相互作用,体现了自组织构成和进化的根据,对系统的进化起着决定性的推动作用. 首先,智能系统本身涉及生物学、认知心理学、数学、计算机信息论等多学科的交叉与融合,呈现非线性的特点,是一个远离平衡的开放系统,具有典型的耗散结构特征,在和外界环境的相互作用、相互协调的非线性相互作用中,提供了自组织进化过程所必需的负熵流. 其次,智能系统内部诸要素之间非线性相干的自组织本质,通过竞争和协同效应产生有序稳定结构,成为自组织进化的内在源泉. 智能行为涉及知识的表示、获取、组织和运用,存在着大量的、零碎的知识由无序向有序变化的过程,针对不同的目标,系统内部元素之间的相互竞争和协作过程体现了智能行为过程具有的自组织特性.

与"他组织"系统比较,按照自组织原则构建和运行的智能系统具有以下突出优点:

1. 更强的驾驭复杂性能力

复杂的行为模式可以由按自律原则组织起来的、大量相互作用的、相对简单的单元来实现.

2. 更强的适应环境能力

各自律单元可以自作主张、见机行事,而不必待命于或听从于某个指挥中心,因此,对于环境的随机变化和突然扰动,具有更为灵活机动的响应特性. 由于自组织系统的运行和演化是基于大量单元各自的微观决策,而少量单元的决策失误或者损坏,并无关宏旨,因此这类系统具有更强的鲁棒性和更强的适应环境能力.

3. 更强的自行趋优能力

自组织系统一旦开始运行,它具有一种"自提升"的功能,能够而且必须在内部机制的作用下,不断地优化其组织结构,完善其运行模式.

智能故障诊断是基于知识的智能行为过程,其固有的非线性相互作用、在随机变化的动态环境下通过知识组织和协调产生有序稳定结构的能力,以及本身具有的复杂性和行为过程的不确定性成为自组织的内在源泉,本质上具有自组织的特性.

3.4 智能故障诊断原理和自组织规划

3.4.1 基于知识的智能故障诊断原理

3.4.1.1 控制策略驱动原理

知识与智能有着密不可分的关系,按照前文的定义,智能理论与技术的任务是针对给定的问题、问题的环境和主体目标,有效地获得与问题和环境相关的信息,恰当地处理这些信息生成相应的知识,并在目标的引导下由知识再生成求解问题的策略,并利用所得到的策略成功地解决所面对的实际问题. 可见,知识与智能的转化是在求解问题目标的引导下,由知识生成求解问题的策略来实现的[82]. 将此应用于故障诊断领域,智能故障诊断的本质是基于知识的故障诊断,根据诊断对象的任务要求,以知识处理技术为基础,结合相关环境,借助多种故障诊断方法和工具实现诊断对象从状态空间到解空间的映射,实现诊断对象故障的正确判断. 图 3.3 所示是智能故障诊断的功能原理图.

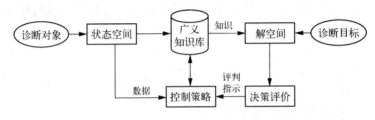

图 3.3　智能故障诊断功能原理图

上图描述了智能故障诊断的典型工作过程,在控制策略的调度下,广义知识库提供相关知识及相应的诊断方法和工具,实现诊断对象从状态空间到解空间的映射,这个解空间与诊断目标的差距及其增大减少的状况由综合评判进行指示,差距减小说明控制策略的效果是积极的,把这个差距反馈给控制策略,进行控制策略的不断改进,直到达到满意的解决方案,作为最终的解空间提供给用户.

从上面过程可以看出,面对具体的诊断问题,领域知识及相应的诊断方法和工具是基础,但是更重要的是需要有一个合理的控制策略来调度这些知识:确定在哪个进程上,调用哪一个规则,使用哪种工具和方法,作用于诊断对象的哪个知识状态,才能一步一步地实现把问题从当前的状态转变到求解的目的状态,使问题得到最终的解决. 这里,控制策略体现了系统的智能,成为整个智能系统的指挥者和组织者,使系统能够面对具体的问题有效地组织知识和调度知识,最终达到解决问题的目的.

　　智能故障诊断过程是基于知识的智能行为过程,涉及知识的获取、知识的表示、知识的管理和组织、基于知识的推理和应用等各个环节,其间存在着大量的、零碎的各种类型的广义知识,包括专家经验、领域知识、诊断任务、方法和工具等,故障诊断从状态空间到解空间的映射过程是知识由无序向有序变化的过程,本质上具有自组织的特性.从智能故障诊断的原理可以看出,控制策略是系统智能的集中体现,而控制策略本身也是一种知识,是一种利用知识的知识,组织知识和调度知识的知识,或者说是"元知识","元知识"与其他知识的不同在于,它是一种主动的知识,而且是一个动态的知识序列,称为知识链.智能故障诊断的核心是如何把一般的知识通过自组织的方式形成能够有效解决问题的主动知识链.

3.4.1.2　知识基与智能诊断知识链

　　智能故障诊断过程中涉及大量的知识,正确利用知识的前提是如何合理地表达知识.故障诊断知识多种多样,从不同角度有不同的分类方法,本文从功能要求和作用关系的角度将诊断知识分为四种类型,包括:描述型知识、过程型知识、经验型知识和控制型知识.描述型知识是指用于描述诊断对象有关概念、状态、结构和功能等方面的知识;过程型知识包括信息分析处理的数值计算、特征提取、诊断推理模型等,这些知识在诊断推理中起着十分重要的作用;经验型知识来源于领域专家对问题求解的经验以及诊断过程中征兆、中间假设、结论和故障之间的因果关系等;控制型知识是关于问题求解的控制策略,对于不同的诊断问题,启用哪些知识,采用何种推理策略和方式等方面的知识,体现了领域专家对知识运用和处理的能力.

　　将各类知识按照功能要求进行分解,根据概念、结构、功能、关系、任务和方法等将知识划分为细粒度的基本知识单元,即知识基,分别描述故障诊断过程中的领域知识、推理知识、任务知识、协调知识等.基于知识基的知识表达方式采用描述语法结构常采用的巴科斯—诺尔范式 BNF 形式,结合面向对象技术在封装性、继承性方面的优势,形成一种基于面向对象的综合知识体表示策略,可以集成规则型、描述型、运算型以及不确定型等各种知识于一体,知识体内含很强的因果关系,具有知识体相对独立、表达能力强、层次清晰、简明易懂、功能扩展方便的特性.

智能诊断功能活动按照某种顺序执行形成任务的过程,同时也伴随着智能诊断中知识的流动过程,结合不同的诊断任务,在每个子任务结点,通过智能代理在动态的过程中实现知识基及知识资源之间自主的、可变的、动态的联系,形成诊断知识链. 因此知识链是指基于知识流在故障诊断过程的转移与扩散而实现知识的获取、选择、组织、评价和创新的结构模式,是智能故障诊断的核心,体现了针对具体诊断问题,系统运用知识解决和处理问题的能力,实现了静态知识和动态知识的统一. 本文提出智能故障诊断的双循环知识链模型如图 3.4 所示.

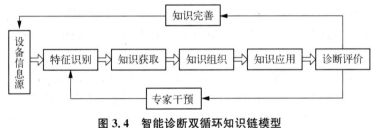

图 3.4   智能诊断双循环知识链模型

该知识链模型的内涵体现在以下方面:

1. 动态性,体现了知识在故障诊断过程中的双循环过程,通过这种双循环的过程,促进系统智能的不断提高.

2. 复杂性,知识链一般由故障诊断过程中各个不同的环节衔接而成,各个环节在内部信息交流的同时,环节之间也需要交互信息. 任务实现的整个过程通过智能代理实现.

3. 网状性,每个环节涉及的知识基及知识资源可以是构成不同知识链的成员节点,众多的知识链构成交叉网状结构.

4. 自学习能力,自学习能力是智能性的重要体现,这种双循环的知识链模型在知识应用与诊断评价的基础上,一方面通过专家干预重新进行特征识别,另一方面通过重新组织信息源不断发现新知识来适应诊断要求,从而有效地增加了系统的智能诊断能力.

3.4.2 自组织过程规划

3.4.2.1 任务分解

智能故障诊断过程是围绕任务展开的,任务的目的是从客户需求即总目标出发,通过决策将总目标分解为子任务,由不同的活动执行形成过程.随着任务的分解展开,相关信息不断完善,诊断过程逐渐形成,所以诊断过程可以用任务树的方式表达.图3.5所示为故障诊断任务分解模式,包括目标层、任务层和执行层.

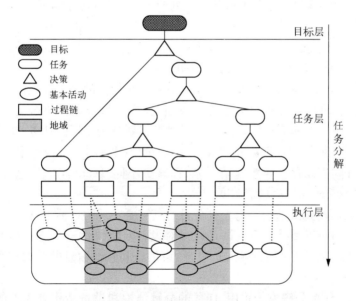

图 3.5 故障诊断任务分解模式

1. 目标层.根据用户需求提出任务总体目标,包括数据分析、趋势分析、故障诊断等.

2. 任务层.从总目标出发,经决策节点形成任务/子任务以及过程. 故障诊断的任务过程从用户需求出发到最终解决方案,中间经历若干子决策,包括任务划分、方案选择等,各个决策不仅仅是决策个体行为,它还涉及与其他决策个体的交互. 目标是通过决策结点形成若干相互协作的任务及子任务来完成,子任务可以继续向下分解. 为实现某个任务而规划形成的活动序列称为过程链.

3. 执行层. 指任务的实施,每个任务的执行都是对某个实例请求的响应,为实例请求而需要执行的任务称为工作项,许多情况下工作项的完成需要使用相关资源,资源包括设备、工具、方法、软件程序等,它可以是系统内资源,也可以是分布在网络范围内的广域资源. 在系统的支持下,按一定的规则,利用一定的资源,执行工作项的过程称为活动,每个任务根据其性质划分为若干活动步骤完成.

任务分解是建立在设备结构、故障原理相关知识基础上的,任务分解过程实质上是对设备对象约束关系的管理过程,涉及任务划分、任务方案选择和任务分解方式重用.

1. 任务划分. 任务是依据设备对象语义划分的,任务间若存在耦合关系,将导致任务循环多次反复运行,所以可根据对象语义,利用"设计结构矩阵 DSM"等方法[83,84]将过程划分为不同的任务/功能活动集合,使关联性较强的功能活动尽量分配在同一 Team 中,同一 Team 间可以存在频繁通信联系,而减少不同 Team 间的信息交互,以此降低任务间信息耦合度.

2. 任务方案选择. 每个任务都有其需要实现的目标,目标的形成是参考决策的结果,而决策是通过对设备对象属性进行选择后产生的;目标的实现是通过输入信息、约束信息和其他信息的共同作用完成的.

3. 任务分解方式重用. 任务的分解结构和设备结构有很大的相似性,由于故障的发生和设备结构紧密关联,设备结构上整体与部分的层次关系也会反映在故障的内在关联和继承性上,因此在实际诊断过程中任务的分解结果和设备结构基本上是对应的. 对于相似的任务,最后的分解结果也是十分相似的. 因此,可以建立专家系统,将常用的分解方式保存到一个知识库中,在进行任务分解时,由推理机根据任务的各种参数,从知识库中取出该任务所对应的任务分解树,即可实现根据任务类型自动进行任务分解的目的[85],如图3.6所示.

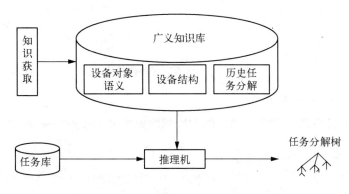

图 3.6   任务分解方式重用

3.4.2.2   过程的双约束关系

任务通过分解后形成一系列顺序执行的任务,每个任务又被分解为一组串行和并行的子任务,最终形成相互关联的功能活动,在这些功能活动中存在多种信息的逻辑约束,本文将活动间的约束关系定为两类:各功能活动对象间的序列约束关系和协作约束关系.这些约束关系反映了活动之间数据信息的顺序性和并行性,序列约束关系存在于时间上有邻接关系的两个功能活动之间,以保证两个功能活动之间的严格执行顺序,即处于序列约束关系后端的功能活动只有得到前端功能活动的全部或部分数据信息,后端活动才能开始执行,这也是后端子任务的"最早开始时间".图3.7虚线箭头表示序列约束关系.协作约束关系可以存在于串行活动之间,也可以存在于并行活动之间,与活动执行的时序无关,它强调活动之间数据信息的逻辑并行性,即处于协作约束后端的活动应及早考虑前端活动的信息以保证后端活动的完成效率更高.图3.7实线箭头表示协作约束关系.

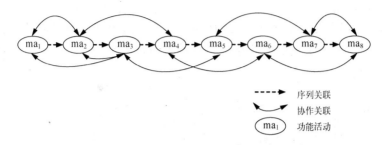

图 3.7　序列约束和协作约束

1. 序列约束关系

将任意两个功能活动之间的序列约束定义为序列约束类[86,87]

$$
\begin{aligned}
\text{Serials}(m_a,\,m_b,\,t,\\
\text{ctn},\,S,\,V)
\end{aligned}
=
\begin{cases}
[\infty,\,0], & t < \phi(m_a,\,V)\\
[\text{ctn}(m_b,\,t),\,S(m_b,\,t)], & t \geqslant \phi(m_a,\,V)
\end{cases}
$$

其中, m_a 和 m_b 是功能活动, 活动 m_a 对 m_b 具有序列约束, 活动 m_b 只有得到活动 m_a 完全或部分完成后的状态信息才能开始; t 为约束时间; ctn 为在约束时间 t 后活动 m_b 的持续时间函数; S 为在约束时间 t 活动 m_b 的状态函数; V 为活动 m_a 约束 m_b 的约束状态阈值, 对于不同的序列约束, 可通过 V 值来调整活动之间的串行程度, 即当活动 m_a 完成足够的状态信息后, 可触发活动 m_b, 这样可最大限度地缩短活动之间的等待时间, 提高串行活动之间的物理并行性; $\text{ctn}(m_b,\,t)$ 表示活动 m_b 在活动 m_a 执行约束时间 t 之后的持续时间, $S(m_b,\,t)$ 表示活动 m_b 在活动 m_a 执行之后的状态信息, 函数 $\phi(m_a,\,V)$ 用于返回活动 m_a 的状态超过对 m_b 的约束状态阈值 V 的最早时间.

2. 协作约束关系

协作约束主要通过某些功能活动已完成的部分状态信息或相关的共享数据信息, 对相关的功能活动产生限制性的约束, 及早考虑这些相关约束信息, 就可以减少对已完成的子任务的修改或变更, 从而提高这些功能活动的执行效率. 这里, 协作约束定义为:

$$\text{Collaborations}(m_a, m_b, t, \text{ctn}, S, \xi_{\text{ctn}}, \xi_S)$$
$$= \left[\text{ctn}(1 - \xi_{\text{ctn}}\rho), S(1 + \xi_S\rho) \right]$$

其中,m_a,m_b,t,ctn,S 的意义同序列约束定义;ξ_{ctn} 和 ξ_S 分别为活动 m_a 对 m_b 在持续时间函数和状态函数两个方面的影响程度,且 $0 \leqslant \xi_{\text{ctn}} \leqslant 1$,$0 \leqslant \xi_S \leqslant 1$,具体的取值可根据实际过程中活动相关状态信息的约束程度而定;ρ 定义为活动 m_b 在开始执行时刻(由函数 Start(m_b)返回 m_b 的开工时刻),从协作约束前端活动 m_a 所产生的状态信息中获得的可用状态信息(函数 Start(m_a, Start(m_b))表示)比例:

$$\rho = S_{\text{avail}}(m_a, \text{Start}(m_b))/S(m_a, \text{Start}(m_b))$$

$\text{ctn}(1 - \xi_{\text{ctn}}\rho)$ 表示活动 m_a 已完成的部分状态信息或相关的共享数据信息促使活动 m_b 缩短了执行持续时间;而 $S(1 + \xi_S\rho)$ 则表示活动 m_a 已完成的部分状态信息或相关的共享数据信息增强了活动 m_b 的状态信息,即活动 m_b 及早地考虑了各种相关状态因素,避免了修改与返工,缩短了整个过程的时间.

3.4.2.3 基于知识链的自组织过程驱动

智能诊断过程是一种寻求问题解答的过程,从高维复杂的问题空间逐步搜索到问题的答案,即低维解空间.熵是系统无序的根源,知识是系统有序的资源.自组织原理可以描述为,在诊断任务的总目标驱动下,将任务分解为一系列子任务和过程,从具有大量熵的无序状态开始,利用分布在广域范围内及系统自身的各种技术和方法,控制反映决策目标与价值的序参数,以自组织的方式同环境进行交互:引进与吸收同决策任务有关的信息(负熵),耗散并排除原先存在的大量的熵,使诊断过程逐步形成能有效解决问题的有序状态.

诊断任务分解最终形成活动,所有活动受制于系统的统一调度和管理[88]活动的执行需要资源的支持,自组织过程驱动由此展开,广域范围内的诊断资源按照类别划分形成不同类别和粒度的知识基表达,这些知识基按照一定的规则和约束相互作用.为响应不同的活动要求,通过智能代理选择相关的知识基,在序参数及协议规则的约束下,将分散在系统中及广域范围的各类知识资源有序地组织起来,形成不同级别的动态知识链,相互协调完成具体的诊断任务. 其自组织驱动过程如图 3.8 所示.

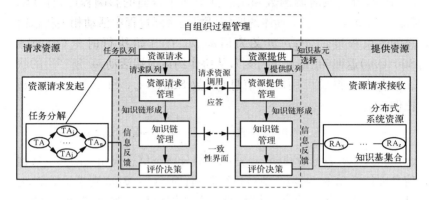

图 3.8　基于知识链的自组织驱动过程

3.5　本章小结

本章从信息、知识和智能的辩证关系研究智能理论的哲学内涵,阐述故障诊断方法概论,提出基于知识的故障诊断是智能故障诊断技术的核心研究内容. 从对智能行为本身的探索和其内涵的描述揭示其自组织特性,将自组织理论与智能诊断技术相结合,研究控制策略驱动的故障诊断原理,提出基于知识链的智能故障诊断自组织过程规划策略.

第四章 基于数据挖掘的故障诊断知识获取

　　知识的数量和质量是决定智能系统性能的关键因素,知识获取是知识工程的重要内容,传统知识获取被认为是基于知识系统的"瓶颈"问题,成为系统进一步向智能化、自动化方向发展的障碍. 基于数据挖掘技术进行知识的自动获取研究,为解决上述"瓶颈"问题提供了方法和思路.

4.1 知识获取技术

4.1.1 传统知识获取手段

　　拥有知识是智能系统有别于其他计算机软件系统的重要标志[89],智能系统要表现出智能理解和智能行为,首要的一点是掌握专业领域的大量概念、事实、关系和方法等各类知识. 如何将这些问题求解的知识从专家大脑中以及其他知识源中提取出来,并按一种合适的方法将它们输入到计算机中,这一直是智能系统开发的重要课题. 知识获取就是解决如何获得高质量知识的问题,它也是知识工程的重要内容,按知识工程技术的解释:知识获取是指从专门知识源中提取知识,并将它转化成计算机程序的过程,知识源可以是专家、案例、教科书、经验数据或数据库等,目前知识大多来源于领域专家,知识工程师通过与领域专家的直接交互来获取知识. 传统的知识获取过程如图 4.1 所示.

　　由于各方面的原因,这种传统的知识获取方法已经被公认为是构建基于知识系统的"瓶颈"问题,成为系统进一步向智能化、自动化方向发展的障碍. 因此许多人工智能专家开展了知识自动获取的研

图 4.1 传统知识获取过程

究,也取得了一些成就,目前研究较多的是基于人工神经网络的知识自动获取.然而从本质上说,人工神经网络还属于模仿领域专家学习已有知识的范畴,而且神经网络自身不可避免的局限性限制了它的进一步发展.90 年代以来,一种新的知识获取技术—数据挖掘技术从人工智能的一个分支机器学习中脱颖而出,成为人工智能中的一个十分活跃的领域,数据挖掘技术善于从大量数据中发掘出有效的、新颖的、潜在有用的知识的能力,使其成为解决上述问题的有效手段.

4.1.2 故障诊断信息特点

一般来说,具有以下特点的领域可以采用数据挖掘技术:① 有大量、充足的相关数据;② 需要基于知识的决策.在现代化制造企业,复杂设备的长期不间断运行产生大量与设备运行相关的数据,故障诊断更是一个基于知识的决策过程,因此数据挖掘技术在故障诊断领域有用武之地.

另外,现代化复杂设备故障诊断信息具有如下特点:

1. 信息多样性,复杂设备结构功能的复杂性使得故障诊断需要来自各方面的信息支持,包括不同系统、子系统及部件的信息,另外,不同系统及子系统需要利用的信息不同,需要的检测手段各异,导致数据类型复杂多样,造成信息的多样性.

2. 信息复杂性,一方面信息的多样性带来了信息复杂程度的提高,另一方面故障诊断领域信息的成分十分复杂.故障诊断过程中,处理最多的是传感器数据,传感器在数据采集过程中,由于运行环境的影响,诊断需要的有用信息和机器其他部件引起的噪声信号都会通过检测对象被传感器拾取,另外,检测对象以外的各种背景噪声、由于间接测量造成的信号畸变等也会引起信号的复杂性提高.

3. 隐蔽性,有些设备的故障特征直接体现在原始测量数据中,但更多情况下,故障与原始测量数据之间没有必然的、明显的对应关系,需要进行数据变换和信息集成,借助于相关技术发现隐含在数据中的内在关联.

因此,故障诊断信息的上述特点为数据挖掘技术在故障诊断领域中的应用提供了客观环境.

4.2 数据挖掘技术研究

4.2.1 数据挖掘基本概念

数据挖掘技术是当今智能系统理论和技术的重要研究内容,它综合了人工智能、计算智能(人工神经网络、遗传算法等)、模式识别、数理统计等先进技术,已经应用于工业、商业、金融、医学、行政管理等领域[90-92].

数据挖掘首先是一种方法和技术,它可以从大量数据中发现潜在规律、提取有用知识[93]. 因为与数据库密切相关,又称为数据库知识发现(Knowledge Discovery in Databases,KDD).数据挖掘不但能够学习已有的知识,而且能够发现未知的知识,可以从系统内部进行知识的自动获取,获得的知识表示为概念、规则、规律、模式、约束等形式.

至今对数据挖掘有多种定义,其中得到公认的是:数据挖掘是从数据中识别出有效的、新颖的、潜在有用的,以及最终可理解的模式的高级处理过程[94].下面对这一定义进行详细解释:

数据:是指一个有关事实的集合,它是用来描述事物有关方面的信息,是用于进一步发现知识的数据源.

新颖：经过数据挖掘提取出的模式应该是新颖的. 模式是否新颖可以通过两个途径来衡量：其一是通过对比当前得到的数据与以前数据的差异, 或对比与期望得到的数据之间的区别来判断该模式的新颖程度；其二是通过对比发现的模式与已有的模式的关系来判断.

潜在有用：提取出的模式应该是有意义的、对后续的决策或诊断有帮助的信息.

可被人理解：数据挖掘的一个很重要的目标是希望得到的知识能够很好地被人理解, 从而帮助用户更好地理解数据库中包含的信息.

模式：它给出了数据的特性或数据之间的关系, 是对数据包含的信息更抽象的描述.

高级处理过程：数据挖掘是一个多步骤的、对大量数据进行分析的过程, 包含对数据更深层的处理, 包括数据预处理、模式提取、知识评价等阶段.

4.2.2 数据挖掘过程模型研究

4.2.2.1 数据挖掘过程模型[95-98]

数据挖掘是指从大量数据中发现隐含的知识和规律, 它既是一种知识获取技术, 也是一个数据处理过程. 从工程的角度, 数据挖掘是一个需要经过多次反复的处理过程, 如同软件工程在软件开发中的作用, 数据挖掘的处理过程模型为数据挖掘提供宏观指导和工程方法, 合理的处理过程模型能将各个处理阶段有机地结合在一起, 指导人们更好地开发及使用数据挖掘技术. 因此对数据挖掘过程的研究是数据挖掘研究的重要内容.

自从开始对数据挖掘工程应用的研究, 就提出了不同的数据挖掘处理过程模型, Usama M. Fayyad、Gregory Piatetsky-Shapiro 等人给出的多处理阶段模型是一种通用模型, 也是最广为接受的一种处理模型, 如图 4.2 所示.

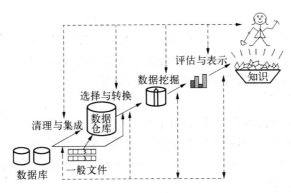

图 4.2 多阶段处理过程模型

1996 年,Brachman 和 Anand 通过对很多数据挖掘用户在实际工作中遇到的问题的了解,发现用户很大一部分工作量是在与数据库的交互上. 他们从用户的角度对数据挖掘处理过程进行了分析,认为数据挖掘应该更着重于对用户进行知识发现的整个过程的支持,而不是仅仅局限于数据挖掘的一个阶段上,进而提出了以用户为中心的处理过程模型.

1997 年斯坦福大学的 George H. John 在其博士论文中给出另外一种数据挖掘处理过程模型. 该模型强调由数据挖掘人员和领域专家共同参与数据挖掘的全过程. 领域专家对该领域内需要解决的问题非常清楚,在问题的定义阶段由领域专家向数据挖掘人员解释,数据挖掘人员将数据挖掘采用的技术以及能解决问题的种类介绍给领域专家. 双方通过相互交流,对要解决的问题达成一致的处理意见,包括问题的定义及数据的处理方式.

1999 年中国科学院计算研究所的朱廷绍博士认为前述模型对知识发现过程中的反复学习和多目标学习支持不够,即针对某种知识发现算法确定一批相关数据,使用其他算法时,这批数据即无效,必须重新进行数据的提取和预处理. 为此在他的博士论文中提出支持多数据集多学习目标的数据挖掘处理模型[99],将数据与学习算法尽量分离,针对不同类别的问题建立不同的数据集,使得数据挖掘更适

合实际工作的需要并使得最终用户和数据挖掘人员之间的影响尽量
小,以提高学习效率. 为实现多学习目标,为数据集定义统一的接口,
任何一个使用该接口的学习算法都可以在不同的数据集上进行训练
和测试,不同的学习算法也可在同一数据集上进行知识提取,从而实
现多目标学习.

上述四种处理模型针对的问题不同,侧重点有所不同,因此有不
同的处理步骤和应用场合,但是同时也具有共同的阶段,即都要经过
准备、预处理、算法设计、数据挖掘和后处理. 四种处理模型的异同对
比如表 4.1 所示.

表 4.1　数据挖掘处理模型异同对比

	模型 1	模型 2	模型 3	模型 4
提出人	U. M. Fayyad, G. Piatetsky Shapiro 等	Brachman, Anand	George H. John	朱廷绍
时间	1996	1996	1997	1999
侧重点	通用数据挖掘模型.	以用户为中心,特别注重对用户与数据库交互的支持.	针对专业性很强,需要数据挖掘和领域专家共同协作的情况.	针对数据准备最耗时的问题,提出提高数据利用率的方法.
特点	通用性强,每一阶段相对独立,每个处理阶段由处理工具完成相应的工作.	强调对用户的支持,用户根据数据提出一种假设模型,然后选择有关数据进行挖掘,并不断对模型的数据进行调整优化.	强调领域专家的参与,由领域的专业知识指导数据挖掘的各个阶段,并对发现知识进行评价.	数据与学习算法分离,数据一次准备,多次应用.

4.2.2.2　快速处理过程模型

在数据挖掘过程中,数据准备依赖于算法的选择,而算法往往会根据挖掘效果进行局部调整甚至大的变动,即是一个"反向传播"过程.通过对上述模型的分析及实际挖掘过程可以得出,挖掘算法的确定需要反复试探、比较、调整,算法改变会导致重新准备数据.在数据挖掘过程中,数据准备、预处理是整个挖掘过程中最花费时间的.为解决这一问题,前面支持多数据集多学习目标的处理模型通过数据和学习算法尽量分离,提高数据集重用性的方法来解决.但在实际中这一点很难做到,尤其当挖掘算法变化比较大时.

为此,本文提出数据挖掘的快速处理过程模型.该模型的目标是尽快给出挖掘结果,根据挖掘结果调整算法,根据算法重新准备数据.如图 4.3 所示.

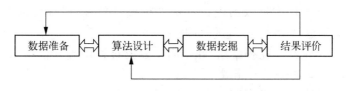

图 4.3　快速处理过程模型

该模型包括以下四个步骤:

1. **数据准备**　针对挖掘目标收集、整理原始数据集.相当于多处理阶段过程模型中的数据准备、数据选择、数据预处理和数据缩减 4 个步骤.不同的是第一次准备的数据量很小,选择一些个体差异比较大、具有典型代表性的数据样本.由于数据量小,这一阶段的时间大大减少.

2. **算法设计**　根据挖掘目的以及各种学习算法的特点设计挖掘算法的详细步骤.这一阶段与前述几种模型的不同在于强调了详细设计算法的过程中可以返回数据准备阶段,重新准备符合具体挖掘算法要求的数据集,体现了算法依赖于数据集这一关系.

3. 数据挖掘　这一阶段与前述几种模型大致相同,即使用选择的学习算法对指定的数据集进行知识的提取.

4. 结果评价　对挖掘结果进行一致性、合理性检查,与预期目标进行比较.如果结果与预期目标偏差较大,返回算法设计阶段,调整或重新设计挖掘算法;如果偏差较小,返回算法设计阶段,对挖掘算法进行调整;如果结果理想,返回数据准备阶段,扩大数据集,重新开始下一次挖掘过程.

由于数据挖掘是对大量数据的处理,时间消耗是一个非常关键的问题,又由于数据挖掘不可避免地需要多次反复,使得时间消耗问题更加突出.与前节介绍的数据挖掘过程模型相比,快速处理过程模型的特点是:

1. 将数据挖掘的过程压缩到只有四个阶段,将注意力放在数据挖掘的关键问题上.

2. 开始用少量数据进行试探性挖掘,每一阶段都可以根据试挖掘结果返回上一阶段,进行调整.

3. 尽快给出挖掘结果,在不断反复的过程中确立挖掘原型,将无谓的时间消耗尽可能减少.

快速处理过程模型充分体现了数据挖掘需要多次反复这一特点,符合循环渐进、螺旋上升的方法论.后面基于数据挖掘的知识获取将采用该模型,实际应用表明,这是一种十分有效的方法.

4.2.3　数据挖掘技术

在选定了数据挖掘过程模型后,另一个需要着重考虑的是数据挖掘算法的选择.如前所述,数据挖掘是从人工智能领域的一个分支—机器学习中发展而来的,因此机器学习、模式识别、人工智能领域的常规技术,如聚类、决策树、统计等方法经过改进,大都可以应用于数据挖掘.表 4.2 是对近年来数据挖掘产品和工具所采用技术进行的统计[100].

表 4.2　数据挖掘常用技术统计

	1997.2	1998.10	1999.8	2001.2
决 策 树	14	18	19	21
规则发现	10	12	14	15
神经网络	50	76	100	123
关联规则	0	6	13	15
粗 糙 集	15	23	32	45

从上述统计数字可以看出：

1. 近年来,神经网络、粗糙集理论在数据挖掘中的发展很快.

2. 关联规则、规则发现受到越来越多的重视.

本节对人工神经网络、决策树、粗糙集理论、关联规则等数据挖掘技术进行介绍,并根据具体应用对象特点,将其中的一些方法用于故障诊断的知识获取过程中.

4.2.3.1　人工神经网络[101]

人工神经网络(Artificial Neural Network,ANN)是人工智能的一个分支,20 世纪 80 年代中期以后,由于理论上获得突破,世界上再次掀起 ANN 的研究与应用热潮. ANN 是指模拟生物神经网络的结构和功能,运用大量处理部件,由人工方式建立起来的网络系统. ANN 的优点是具有强大的学习能力,能通过训练从样例中学习并获取知识,这是神经网络具有智能的重要表现;易于实现并行计算,适用于快速处理信息;其分布式结构特性对有噪声或缺损的输入信息有很强的自适应能力,表现出强大的鲁棒性和容错能力;具有较强的非线性映射能力,可以很好地模拟工程领域大量存在的非线性问题.

ANN 的上述优点正是传统的基于串行计算的符号运算推理难以实现的,因此 ANN 得到重视并再度兴起成为必然,许多基于神经网络的理论研究和应用成果不断涌现出来. 但是,ANN 也存在不可避免的局限性,如 ANN 的学习及问题求解具有黑箱特性,其知识获取过程的可解释性差;ANN 学习得到的知识以权值形式表示,可移植性差;网络学习大多属于模拟诊断专家学习已有知识的层次,发现潜在、未知规律的能力较差等.

但是,人们在寻求新的知识获取手段的同时并没有放弃 ANN,对神经网络的研究重点已经从如何改进神经网络算法以及如何避免局部极小的问题逐渐转向针对具体应用领域,如何将神经网络与其他相关理论结合以发挥整体优势,研究较多的如小波网络、分形网络等.

4.2.3.2 决策树方法

决策树方法是由 J. R. Quinlan 于 1979 年在概念学习系统算法基础上提出,它属于从特例推导到一般规则的归纳学习方法.它的基本原理是利用决策树表示分类的规则.其基本思想如下:决策树由信息增益最大的字段作为根节点,根据字段的不同取值建立树的分支,每个分支所划分的数据元组为子集,采用递归方法重复建立树的下层结点和分支的过程,扩展决策树,最后得到相同类别的子集,再以该类别作为叶节点,从而得到完整的决策树.该方法的特点是不需要领域知识,只在形成的样本集上学习,而且容易转换成分类规则.

决策树最著名的算法是 C4. 5[102],它是由 ID3 算法发展而来,该算法采用熵选择属性,分类速度快,适合于大型数据库的学习,同时它在 ID3 的基础上增加了将决策树转换为等价产生式规则的功能,并解决了连续取值数据的学习问题.在数据挖掘中,决策树作为一种重要的分类方法,在医疗、博弈论和商务等领域得到广泛应用.

4.2.3.3 粗糙集方法

粗糙集理论是一种研究不精确、不确定性知识的数学工具,由波兰科学家 Z. Pawlak 在 1982 年首先提出[103-109].知识工程研究中,一直存在信息的含糊性等问题,故障诊断领域诊断信息的不确定性包括:采样本身带来的不确定性,如采样精度;数据的不确定性,如噪声干扰;知识自身的不确定性,如规则的前件、后件间的依赖关系并不是完全可靠的.作为人工智能基础理论之一的经典逻辑不足以解决这些不确定性问题,为此,人们提出一些解决方法,包括统计方法、模糊集理论以及 Dempster-Shaffer 证据理论,但这些方法都有一些内在缺陷或限定范围.

粗糙集理论的研究和发展,为数据挖掘提供了一种新的方法和工具. 首先,数据挖掘研究的实施对象多为关系型数据库,关系表可被看作粗糙集理论中的决策表,这给粗糙集方法的应用带来极大的方便. 其次,现实世界中的规则,有确定性的,也有不确定性的. 从数据库中发现不确定性的知识,为粗糙集方法提供了用武之地. 第三,从数据中发现异常,排除知识发现过程中的噪声干扰也是粗糙集方法的特长. 第四,运用粗糙集方法得到的知识发现算法有利于并行执行,极大地提高发现效率. 第五,数据挖掘中采用的其他技术,不能自动的选择合适的属性集,而利用粗糙集方法进行预处理,去掉多余属性,可提高发现效率,降低错误率.

4.2.3.4 关联规则方法[110-114]

1993 年 R. Agrawal 等提出的关联规则方法,最初是从超级市场销售事务数据库中发现顾客购买多种商品时的搭配规律,即关联规则. 最著名的关联规则挖掘算法 Apriori 也是由 R. Agrawal 等人提出的,它是一种建立在广度优先搜索思想上的算法,具有很大的影响力. 目前,大多数算法都是以 Apriori 算法为基准进行变换和扩展. Apriori 算法的基本思想是:通过对数据库 D 的多次扫描来发现所有的频繁项集. 在第 k 次扫描中只考虑具有同一长度 k 的所有项集. 在第 1 次扫描中,Apriori 算法计算所有单个项的支持度,生成所有长度为 1 的频繁项集. 在后续的扫描中,首先以前一次发现的所有频繁项集为基础,生成所有新的候选项集,也就是潜在的频繁项集,然后扫描数据库 D,计算这些候选项集的支持度,最后确定候选项集中哪些真正成为频繁项集,重复上述过程直到再也发现不了新的频繁项集. 算法高效的关键在于生成较小的候选项集,也就是尽可能不生成和计算那些不可能成为频繁项集的候选项集.

关联规则方法最初的应用是购物篮分析,但从关联规则的一般定义可知,它能从大量的数据中找寻数据之间的有趣关联或相关联系.因此,关联规则的思想被逐步应用到其他领域,如空间关联分析、多媒体数据分析、生物医学数据分析等.

4.2.3.5 遗传算法[115]

遗传算法(Genetic Algorithm,GA)是模拟生物自然进化过程的人工智能算法.1967 年,Bagley 首次提出了遗传算法这一术语,1975 年 Holland 在其专著中比较全面地介绍了遗传算法.遗传算法是一种有效地解决最优化问题的方法,它仿效生物的进化与遗传,根据生存竞争和优胜劣汰的原则,借助复制、交换、突变等操作,使所要解决的问题从初始解一步步逼近最优解.遗传算法具有很强的全局优化搜索能力,大多数遗传算法具有以下共同特点:

1. 智能式搜索.遗传算法的搜索策略既不是盲目地随机搜索,也不是全面地穷举搜索,而是适应度函数约束下的有指导搜索,在目标函数驱动下的"优胜劣汰",逐步逼近目标.

2. 渐进式优化.遗传算法一般模仿生物进化的遗传、杂交、变异等,通过多次迭代,逐渐得出最优解.

3. 全局最优解.由于遗传算法一般都采用了杂交、变异等操作,扩大了搜索范围,因此从理论上讲,有跳出局部最优、得到全局最优的可能.

4. 黑箱结构.遗传算法一般只要完成编码和适应度选择,其余的遗传、杂交、变异等操作都可以自动完成,因此可以看成一种只考虑输入与输出的黑箱系统.

5. 通用性强.遗传算法大都是一种框架式算法,只有一些简单的原则要求,在实施过程中可以赋予更多的含义.

6. 并行式算法.遗传算法中的操作大都是针对个体的,可以在一次操作中同时进行.

上述方法各有特点,适用于不同的领域问题求解.大型复杂设备的故障诊断普遍存在如下问题:故障诊断知识不完全、不精确,专家经验的描述具有模糊性特征;复杂的设备层次结构导致故障的发生具有内在的相互关联;大量故障仍然没有预知的正确模式,需要通过对故障征兆及运行数据的反复观察、分析和比较,自行揭示其内在规律,发现故障模式. 因此本文提出将粗糙集理论、关联规则及模糊自组织神经网络方法应用于复杂设备的知识获取中,利用它们解决上述问题方面具有的独特优势克服复杂设备故障诊断过程中存在的典型知识获取瓶颈.

4.3 基于数据挖掘的知识获取技术

4.3.1 基于粗糙集理论的知识获取

故障诊断过程中,监控和诊断对象的日趋大型化、复杂化使得获取准确、完备、有效的诊断知识越来越困难. 已知的领域知识大多来源于专家经验以及手工总结规律,由于客观不确定性因素的影响,使得这些知识具有模糊和不确定性的特点;另外,大型复杂设备为了满足生产的需求经常处在动态变化的过程中,其行为特点越来越不好把握,噪声的干扰以及多故障的并发使得设备故障具有较强的隐蔽性和不确定性,所有这些都为有效地获取知识及利用知识进行诊断带来了很大的困难,知识获取已经越来越成为构建基于知识的故障诊断系统的"瓶颈". 本文借助粗糙集理论在处理模糊、不确定信息方面的优势,通过改进的粗糙集算法实现对故障特征信息的约简,剔除大量特征中那些冗余和干扰信息,进行知识获取,为后续工作提供很大的便利,大大提高了故障诊断效率.

4.3.1.1 粗糙集理论基本思想

粗糙集理论(Rough Set, RS)是一种处理模糊和不确定性知识的数学工具. 它无需提供除与问题相关的数据集合外的任何先验信息,能有效分析和处理不精确、不一致和不完备信息,通过发现数据中隐含的关系,揭示潜在的规律,从而提取有用的知识. 人工智能及其复杂信息处理问题均以分类作为它们的基本机制之一,粗糙集理论也是建立在分类机制的基础之上. 粗糙集理论的要点是将知识与分类联系在一起,该理论中,知识被认为是一种对对象进行分类的能力.

给定研究对象的论域 U,子集 $X \subseteq U$ 表示 U 中的一个概念,U 中的知识即表现为概念的族集,一个 U 上的分类族定义为 U 上的知识库,它构成一个特定的分类.为便于数学推导,粗糙集理论中以等价关系代替分类.当用 R 表示论域 U 中对象之间的等价关系时,则 U/R 表示 U 中的对象根据关系 R 构成的所有等价类族.若 $P \subset R$,且 $P \neq \phi$,则 $\bigcap P$(P 中全部等价关系的交集)也是一种等价关系,称为 P 上的不可分辩关系,且记为 $\mathrm{ind}(P)$:

$$[X]_{ind(P)} = \bigcap [X]_R , P \subset R \tag{4.1}$$

不可分辩关系是对象 P 由属性集表达时在论域 U 中的等价关系.它揭示出知识的颗粒状结构,而知识的粒度是造成使用已有知识不能精确地表示某些概念的原因.

粗糙集理论中的不确定性和模糊性是一种基于边界的概念,即一个模糊的概念具有模糊的边界.每一个不确定概念由一对称为上近似和下近似的精确概念来表示:设给定知识库 $K = (U, R)$,对于每个子集 $X \subset U$ 和一个等价关系 $R \in \mathrm{ind}(K)$,可以根据 R 的基本集合描述来划分集合 X:

$$R_*(X) = \bigcup \{\gamma \in U/R : \gamma \subseteq X\} \tag{4.2}$$

$$R^*(X) = \bigcup \{\gamma \in U/R : \gamma \bigcap X \neq \phi\} \tag{4.3}$$

其中,$R_*(X)$ 和 $R^*(X)$ 分别称为 X 的 R 下近似和 R 上近似.集合的下近似是包含给定集合中所有基本集的集合,集合的上近似是包含给定集合中所有基本集的最小集合.

在粗糙集理论中,对象的知识是通过指定对象的基本特征(属性)和它们的特征值(属性值)来描述的.一个信息系统定义为:$S = \langle U, C, D, V, F \rangle$,其中,$U$ 是对象的集合,$C \bigcup D = A$ 是属性集合(等价关系集合),子集 C 和 D 分别称为条件属性和决策属性,$V = \bigcup_{a \in A} V_a$ 是属性值的集合,V_a 表示了属性 $a \in A$ 的范围,$f: U \times A \to V$

是一个信息函数,它指定 U 中的每一对象 x 的属性值. 这种定义方式使对象的知识可以方便的以数据表格形式描述,这种数据表格称为信息系统.

粗糙集理论在信息系统的基础上定义了约简的概念,通过条件属性 A 对对象空间 U 的正确划分,去除冗余属性实现数据约简,如果 D 表示全部决策属性,C 表示全部条件属性,用分类质量 $\gamma(C, D)$ 来刻画条件属性 C 描述决策属性 D 的能力,即用 C 对 U 划分后,任一 $x \in U$ 能被正确划分到决策类的能力,用下式表示:

$$\gamma(C, D) = \sum_{x \in U/D^{\sim}} \frac{\mid R_*(X) \mid}{\mid U \mid} \tag{4.4}$$

其中,$R_*(X)$ 表示 X 的 R 下近似,U/D 是 D 在 U 上的划分.

粗糙集理论的基本思想可归纳为:以不可分辩关系划分所研究论域的知识,形成信息系统,利用上、下近似集逼近描述对象,通过数据约简,从而获得最简知识.

4.3.1.2 改进的粗糙集算法

粗糙集理论的核心是实现数据约简,包括属性约简和值约简. 设信息系统 S 的条件属性为 $C = \{c_1, c_2, \cdots, c_m\}$,决策属性为 $D = \{d_1, d_2, \cdots, d_n\}$,粗糙集的实质是用特征(条件属性 C)划分的等价类表示用决策属性 D 划分的等价类. 粗糙集理论的属性约简方法是去除那些对等价类划分不起作用的冗余条件属性,对等价类划分产生影响的属性被认为是有用属性. 在实际应用中,由于初始的条件属性是根据经验选择的,其中不但有对等价类划分起正面作用的有用属性和不起作用的冗余属性,而且还有对等价类划分起负面作用的干扰属性.

干扰属性的产生,一种情况是由于训练样本的噪声影响,更多的情况是由于一个训练样本同时属于多个决策属性类,一个决策类的特征属性可能会成为另一个决策类的干扰属性. 在故障诊断领域,这种多决策属性的问题非常普遍,一台有套印不准故障的设备,可能同时有重影和自动输纸故障存在,测得的征兆信号就是多种故障的合成,需要用多决策属性约简.

当决策属性增加时,不可避免的会导致条件属性的增加,条件属性的增加又会反过来影响等价类的划分. 在原始粗糙集理论中,决策属性增加往往会导致原决策属性分类粗糙程度改变,已有的粗糙集方法对于这种干扰属性及多决策属性问题没有很好的讨论. 为解决这个问题,获得真正相关特征,本文提出概率因子的概念. 对于给定的信息系统 $S = \langle U, C, D, V, F \rangle$,其中 $U = \{x_1, x_2, \cdots, x_n\}$ 是全部有限个处理对象的集合,$C \bigcup D = A$ 是属性集合,C 和 D 分别称为条件属性和决策属性,且 $C \bigcap D \neq \phi$. 对任意一个决策属性 $d \in D$,条件属性 $c \in C(d)$,用 U/d 表示 d 对 U 的划分,用 X 表示 U/d 的一个等价类. 如果

$$c(X) = \{(x_i, x_j) \in X^2 \mid f(x_i, c) = f(x_j, c)\} \qquad (4.5)$$

则 $c(X)$ 称为 c 在 X 上的划分. 如果 $Y \in c(X)$,X 在条件属性 c 上的概率因子定义为:$\alpha = |Y| / |X|$,进一步,

$$\alpha_{\max} = \mathrm{MAX}\{\alpha: \forall Y \subseteq c(X)\} \qquad (4.6)$$

则 $\alpha_{\max}$ 称为概念 X 在条件属性 c 上的最大概率因子.

概率因子体现一种统计的思想,最大概率因子的含义是找出 X 在条件属性 c 概率最大的取值.

基于粗糙集理论的知识获取过程如图 4.4 所示.

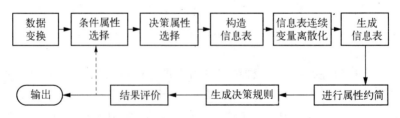

图 4.4 基于粗糙集理论的知识获取过程

4.3.1.3　实例验证

以印刷包装机械设备为应用对象,用改进的粗糙集方法进行属性约简,获取诊断知识,从而支持对设备的故障诊断.表4.3给出一个故障样本实例集合,对象集为 $U = \{x_1, x_2, x_3, x_4, x_5\}$,条件属性集 $C = \{c_1, c_2, c_3, c_4, c_5, c_6\}$,决策属性为故障类型 $\{d\}$,

表 4.3　故障样本表

U	故障特征(条件属性 c)							故障类型(决策属性 d)
	纸张拖梢(c_1)	送纸吸风嘴间距离(c_2)	吸力不足(c_3)	挡纸毛刷伸进距离(c_4)	气路阻塞(c_5)	吹风压脚(c_6)	进纸时间(c_7)	
x_1	正常	不一致	正常	正常	无	磨损	不当	输纸歪斜
x_2	上翘	不一致	正常	太少	无	磨损	不当	双张或多张
x_3	下卷	不一致	不足	太多	有	正常	不当	空张
x_4	正常	正常	正常	正常	无	正常	不当	输纸不平
x_5	正常	正常	正常	太多	无	磨损	不当	分纸破碎

由表4.3可以看出,条件属性的属性值大都是含糊描述的,如正常、太多、不一致等,适合用粗糙集理论进行研究.首先对故障特征进行数据变换,为简化计算,这里将条件属性的值域定义为[0,1],1表示正常,0表示不正常.由于在故障样本中,一组数据可能包含多种故障,属于多决策属性特征提取,这里我们采用将每一种故障类型看作是一个决策属性的方式进行决策属性编码,每个决策属性的值域为[0,1],1表示有该故障,0表示无该故障.上述定义下得到的信息表如表4.4所示.

表 4.4　故障信息表

U	故障特征(条件属性 c)							故障类型(决策属性 d)				
	纸张拖梢 (c_1)	送纸吸风嘴间距离 (c_2)	吸力不足 (c_3)	挡纸毛刷伸进距离 (c_4)	气路阻塞 (c_5)	吹风压脚 (c_6)	进纸时间 (c_7)	输纸歪斜 (d_1)	双张或多张(d_2)	空张 (d_3)	输纸不平 (d_4)	分纸破碎 (d_5)
x_1	1	0	1	1	0	0	0	1	1	0	0	1
x_2	0	0	1	0	0	0	0	1	1	0	0	1
x_3	0	0	0	0	1	1	0	0	1	1	0	1
x_4	1	1	1	1	0	1	0	0	0	0	1	0
x_5	1	1	1	0	0	0	0	1	1	1	0	1

假设 d 为任一决策属性,即 $d \in D$,首先用传统方法对决策属性逐个进行属性约简,根据式(4.4),如果满足 $\gamma(C, d) = \gamma(C', d)$,说明该条件属性是冗余的,称 $C' \subset C$ 是 C 的一个 d 约简,可以尝试将条件属性逐个去掉.重复上述步骤,分别得到每个决策属性在 C 上的约简属性集 $C'(d)$.例如,双张或多张的约简属性为 $C'(d_2) = \{c_1, c_2, c_4, c_6\}$.对于约简后的属性集 C' 用最大概率因子再次进行属性约简,用 U/d 表示 d 对 U 的划分,用 X 表示 U/d 的一个等价类,概率因子阈值 α_{thsd},取 $c \in C'$,按照式(4.6)对 c 在 X 上的划分后,对每一个 $Y \subset c(X)$,计算概率因子 $\alpha_i = |Y| / |X|$,求出最大概率因子 $\alpha_{max} = \text{Max}(\alpha_i)$,如果满足 $\alpha_{max} > \alpha_{thsd}$,则保留该属性,按照上述过程,双张或多张故障的各条件属性的最大概率因子见表 4.5.

表 4.5　条件属性最大概率因子对照表

属性	属性值	最大概率因子	属性	属性值	最大概率因子
c_1	0	0.93	c_4	1	0.81
c_2	0	0.65	c_6	0	0.86

如果设 $\alpha_{\text{thsd}} = 0.8$，同时考虑到属性取值为 1 时表示该属性正常，可以进一步对条件属性约简. 从而得到双张或多张故障最终的约简属性为 $C'' = \{c_1, c_6\}$，说明针对双张或多张故障，原特征中有 2 个特征是主要特征，即当出现纸张拖梢不正常和吹纸压脚磨损时，很有可能是出现该故障. 根据经验知道纸张拖梢上翘和吹风压脚磨损时，经常会出现印刷过程的双张和多张故障情况，所以结论和专家经验一致.

4.3.2 基于关联规则的知识获取

大型复杂设备的故障诊断由于设备本身结构、功能的复杂性，使得故障征兆和原因之间的关系错综复杂，一个原因可能由不同的故障征兆引起，一个征兆可能会造成不同的故障出现，从而对应不同的故障原因，因此在故障征兆与原因之间存在着某些内在的关联性. 关联规则是用于确定大量数据项集之间的联系，找出可信的、有价值的多个数据项集之间的依赖关系，随着设备结构日趋复杂、级连故障频繁出现以及大量数据的不停收集和储存，使用关联规则方法挖掘知识并用于故障预报及诊断已经越来越体现出它的用武之地.

4.3.2.1 关联规则基本概念

关联规则的挖掘目标是从数据库中找出形如"由于某些事情的发生而引起另外一些事情发生"的规则. 用于关联规则进行知识发现的主要对象是事务型数据库，关联规则的描述如下.

规则项集 $I = i_1, i_2, \cdots, i_m$ 是由 m 个不同故障规则组成的集合，故障事务 S 是 I 的一个子集，即 $S \subseteq I$，D 是 S 的集合. 设 X 是 I 的任一子集，如果 $X \subseteq S$，称故障事务 S 包含 X. 关联规则具有如下形式：$X \Rightarrow Y$，其中 $X \subseteq I$，$Y \subseteq I$，且 $X \cap Y = \phi$，X 为条件，Y 为结果.

规则 $X \Rightarrow Y$ 在 D 中成立，具有支持度 sup port，其中 sup port 是 D 中故障事务包含 $X \cup Y$ 的百分比，它是概率 $P(X \cup Y)$. 规则 $X \Rightarrow Y$ 在事务集 D 中具有置信度 confidence，置信度是规则的先决条

件 X 发生的前提下,规则结果 Y 发生的条件概率 $P(Y|X)$：

$$\text{sup port}(X{\Rightarrow}Y) = P(X \bigcup Y) \qquad (4.7)$$

$$\text{confidence}(X{\Rightarrow}Y) = P(X \mid Y) \qquad (4.8)$$

同时满足最小支持度阈值和最小置信度阈值的规则称为强规则.

4.3.2.2 关联规则挖掘算法

求解关联规则的问题可以分解为以下两个子问题：

1. 找出 D 中所有大于最小支持度的事件子集 X，$X \subseteq S$，即"频繁"出现的事件子集—频繁项集. 本文采用了基于频集理论的递推方法：Apriori 算法. Apriori 使用一种称作逐层搜索的迭代方法，k -项集用于探索 $(k+1)$ -项集. 首先,找出频繁 1-项集的集合,该集合记作 L_1，L_1 用于找频繁 2-项集的集合 L_2，而 L_2 用于找 L_3，如此下去,直到不能找到频繁 k -项集. 每次找 L_k 需要一次数据库扫描.

2. 从"频繁"出现的事件子集中找出关联规则. 一旦由数据库中的事务找出频繁项集,由此产生关联规则. 关联规则满足最小支持度和最小置信度,置信度也可以用下式描述：

$$\text{confidence}(X{\Rightarrow}Y) = \text{sup port}(X \bigcup Y)/\text{sup port}(X) \quad (4.9)$$

其中,support($X\bigcup Y$)是包含项集 $X\bigcup Y$ 的支持度,support(X)是包含项集 X 的支持度. 根据该公式,关联规则产生如下：

● 对于每个频繁项集 l，产生 l 的所有非空子集；

● 对于 l 的每个非空子集 s，如果 support(l)/support(s) $\geqslant$ min_conf，则输出规则 "$s{\Rightarrow}(l-s)$"，其中 min_conf 是最小置信度阈值.

4.3.2.3 应用实例

远程故障诊断系统中,该算法用于发现故障信息间内在的联系,挖掘设备故障的产生原因(知识),对设备运行状况进行预报. 以紫光 YR254 卷筒纸条柔版印刷机的运行为例,采集故障信号,该算法基于如表 4.6 故障事务数据库,其中故障事务中的项按字典次序存放.

表 4. 6　故障事务数据库

ID	List of item_ID's	ID	List of item_ID's
……	……	0126	I2, I3
0121	I1, I2, I5	0127	I1, I2, I4
0122	I2, I4	0128	I1, I3
0123	I2, I3	0129	I1, I2, I3
0124	I1, I3	……	……
0125	I1, I2, I3, I5		

其中 I1~I5 表示从故障事务中抽取出的几个不同的项,I1 主机过电流停机,I2 主机风机故障,I3 主机调速器故障,I4 主机紧停,I5 主机通讯故障.

在寻找频繁项集的过程中,取最小支持度为 0.22. 在算法的第一次迭代,扫描数据库中的所有事务,统计每个项的出现次数,确定满足最小支持度的频繁 1 项集 L_1 集合,算法使用 L_1 产生候选 2 项集的集合 C_2,C_2 由 $\binom{L_1}{2}$ 个 2 项集组成,计算 C_2 中每个候选项集的支持度,确定频繁 2 项集的集合 L_2. 根据 Apriori 的逐层搜索技术,直到产生的候选项集为空,算法结束. 找到满足最小支持度的所有频繁项集. 然后调用一个过程,由频繁项集产生关联规则. 本文取最小置信度为 0.7,以基于以上事务数据库产生的频繁项集 $l=\{I1, I2, I5\}$ 为例,由 l 产生关联规则,l 的非空子集有 $\{I1, I2\}$,$\{I1, I5\}$,$\{I2, I5\}$,$\{I1\}$,$\{I2\}$ 和 $\{I5\}$. 实验结果如表 4.7 所示.

表 4.7　实验结果

关联规则	置信度	关联规则	置信度
I1∧I2⇒I5	confidence = 2/4 = 0.5	I1⇒I2∧I5	confidence = 2/6 = 0.33
I1∧I5⇒I2	confidence = 2/2 = 1	I2⇒I1∧I5	confidence = 2/7 = 0.29
I2∧I5⇒I1	confidence = 2/2 = 1	I5⇒I1∧I2	confidence = 2/2 = 1

表中第 2、3、6 条规则的置信度大于预先给定的最小置信度阈值,对满足条件的规则进行基于知识的模糊评价,看是否达到其精确度要求,达到精确度要求的,从数据集市中删除样本数据,规则存入知识库,样本数据蕴涵的知识,在智能诊断中用规则表达.

4.3.3 基于模糊自组织特征映射网络的知识获取

模糊理论是 60 年代中期由 L. A. Zadeh 最初提出,用于描述与处理广泛存在的不精确、模糊的事件和概念的理论工具,它为解决客观存在的、用经典的二值或多值逻辑难以描述的信息系统实现,提供了工具支持[116]. 神经网络技术也是近年来发展起来的十分引人注目的研究领域,随着理论研究的不断深入,应用神经网络技术来解决各种类型的实际问题得到了广泛的重视. 神经网络的 I/O 非线性映射特性、信息分布存储、并行处理和全局集体作用,特别是其高度的自组织和自学习能力,使其成为设备故障诊断领域进行诊断推理的一种有效方法和手段. 目前研究较多的是 BP 等有导师神经网络,但是在复杂设备的故障诊断领域,有大量的故障没有预知的正确模式,需要通过对故障征兆的反复观察、分析和比较,自行揭示其内在规律,发现对应的故障模式. 对于这种学习方式,基于有导师学习策略的神经网络显得无能为力. 同时,故障诊断过程中信息和知识主要来源于传感器和提供系统性能描述的专家,大量的信息和知识用语言形式来表达,本身具有模糊的特性. 因此本文提出将模糊理论与自组织神经网络相结合的模糊自组织特征映射网络(Fuzzy Self-Organizing Mapping Network,FSOMN)用于知识发现,即吸收了传统推理技术的优点,同 BP 等网络相比又有独特的优势,如:结构算法简单、无监督自学习、学习速度快和侧向联想等优点[117].

4.3.3.1 自组织特征映射(Self-Organizing Mapping,SOM)网络结构[118,119]

SOM 网络是一种无导师学习的神经网络,类似于人类大脑中生物神经网络的学习,其最重要的特点是通过自动寻找样本中的内在规律和本质属性,可以自组织、自适应地改变网络参数和结构. 以二维平面阵为例,SOM 网络拓扑结构如图 4.5 所示.

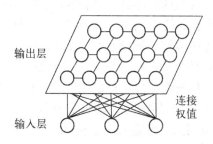

输出层

连接
权值

输入层

图 4.5　SOM 网络拓扑结构

SOM 网络共有两层,输入层模拟感知外界输入信息,节点数与样本维数相等,用输入模式 $X = (x_1, x_2, \cdots, x_n)^T$ 表示;输出层由神经元按照一定方式排列(如上图排列成二维平面阵),模拟做出最大响应的大脑皮层. 输入层各神经元并行连接至输出层的各神经元,每个神经元对应一个权向量 W,权向量 W 为网络的可调参数. 当输入层接到外部的输入信号时,输出层每个神经元的权向量均与其比较,确定具有中心神经元权向量 W_c 的获胜神经元,其中 W_c 满足下列等式 $||X - W_c|| = \min_i ||X - W_i||$;然后以 W_c 为中心设定一邻域半径,该半径圈定的范围称为优胜邻域,SOM 网络中,优胜邻域内所有神经元权向量按其离开获胜神经元的距离不同进行自动调整,优胜邻域大小随训练次数的增加不断收缩. 根据输出层获胜神经元的优胜邻域范围,从而判断输入信号的所属类别.

4.3.3.2　SOM 网络运行原理及学习算法

SOM 网络运行分为训练和工作两个阶段[120,121]. 在训练阶段,网络随机输入训练集中的样本,对某个特定输入模式,输出层将有某个节点产生最大的响应而获胜,训练开始阶段,输出层哪个位置的节点将对哪类输入模式产生最大响应是不确定的. 输入模式的类别改变, 获胜节点也会改变, 获胜节点周围的节点因侧向相互兴奋作用也产生较大响应, 于是获胜节点及优胜邻域内所有节点所连接的权向量均向输入向量的方向做不同程度的调整, 调整力度依邻域内各节点距获胜节点的距离增大而逐渐减弱. 网络通过自组织方式, 用大量的训练样本调整网络权值, 最后使输出层各节点成为对特定模式类敏感的神经细胞, 当输入模式特征相近时, 在输出层其节点位置也接近. 从而在输出层形成能够反映样本模式类分布情况的有序特征图; SOM 训练结束后, 输出层各节点与各输入模式类的特定关系就完全确定了, 当输入一个模式时, 网络输出层代表该模式的特定神经元将产生最大响应, 从而可对该输入模式进行判断推理.

SOM 网络的具体训练过程可做如下描述:

1. 初始化　对输入层到输出层各权向量赋小随机数并做归一化处理, 得到 $\hat{W}_j$, $j = 1, 2, \cdots, m$; 建立初始优胜邻域 $N_{j^*}(0)$; 学习率 $\eta(t)$ 赋初值.

2. 接受输入　从训练集中随机选取一个输入模式并进行归一化处理, 得到 $\hat{X}^p$, $p \in \{1, 2, \cdots, P\}$.

3. 寻找获胜节点　计算 $\hat{X}^p$ 与 $\hat{W}_j$ 的点积, $j = 1, 2, \cdots, m$, 从中选出点积最大的获胜节点 j^*; 如果输入模式未经归一化, 应按式 $||\hat{X} - \hat{W}_{j^*}|| = \min\limits_{j \in \{1, 2, \cdots, m\}} \{||\hat{X} - \hat{W}_j||\}$ 计算欧式距离, 从中找出距离最小的获胜节点.

4. 定义优胜邻域　$N_{j^*}(t)$ 以 j^* 为中心确定 t 时刻的权值调整域, 一般初始邻域 $N_{j^*}(0)$ 较大, 训练过程中 $N_{j^*}(t)$ 随训练时间逐渐收缩.

5. 调整权值　对优胜邻域 $N_{j^*}(t)$ 内的所有节点按式 (4.10) 调整权值:

$$w_{ij}(t+1) = w_{ij}(t) + \eta(t, N)[x_i^p - w_{ij}(t)]$$

$$i = 1, 2, \cdots, n; \ j \in N_{j^*}(t) \qquad (4.10)$$

其中,$\eta(t, N)$是训练时间 t 和邻域内第 j 个神经元与获胜神经元 j^* 之间的拓扑距离 N 的函数.

6. 结束检查　SOM 网络以学习率 $\eta(t)$ 是否衰减至 0 或某个预定的阀值为条件判断是否结束训练,不满足条件则回到步骤 2.

4.3.3.3　基于 FSOMN 的诊断知识模型构建

纵向重影是印刷机工作中经常碰到的一个故障,容易造成画面失真,严重影响产品质量,纵向重影表现出来的征兆有很多种:开始印刷时出现几张纵向重影(X_1)、出现满版纵向重影(X_2)、出现大面积纵向重影(X_3)、出现局部纵向重影(X_4)、出现与滚筒轴线垂直的狭长纵向重影(X_5)、出现咬口部位纵向重影(X_6). 可能的故障原因有 7 个:滚筒合压不当(Y_1)、橡皮布绷得不紧(Y_2)、印版没拉紧或印版在夹板处破碎(Y_3)、咬纸牙和牙垫磨损严重而过于光滑(Y_4)、滚筒齿轮和轴承磨损严重(Y_5)、滚筒之间压力过大(Y_6)、操作侧轴端的销钉松动(Y_7).

针对故障征兆论域的模糊向量为 $X = (\mu_{x1}, \mu_{x2}, \mu_{x3}, \mu_{x4}, \mu_{x5}, \mu_{x6})$,其中 $\mu_{xi}(i = 1, 2, \cdots, 6)$ 是对象具有征兆 x_i 的隶属度. 故障原因模糊向量为 $Y = (\mu_{y1}; \mu_{y2}, \mu_{y3}, \mu_{y4}, \mu_{y5}, \mu_{y6}, \mu_{y7})$,其中 $\mu_{yj}(j = 1, 2, \cdots, 7)$ 是故障可能原因 y_j 的隶属度,则 X 与 Y 具有模糊关系:$Y = X \circ R$,式中。是模糊算子,R 是体现专家经验知识的模糊矩阵:

$$R = \begin{bmatrix} r_{11} & r_{12} & r_{13} & r_{14} & r_{15} & r_{16} & r_{17} \\ r_{21} & r_{22} & r_{23} & r_{24} & r_{25} & r_{26} & r_{27} \\ r_{31} & r_{32} & r_{33} & r_{34} & r_{35} & r_{36} & r_{37} \\ r_{41} & r_{42} & r_{43} & r_{44} & r_{45} & r_{46} & r_{47} \\ r_{51} & r_{52} & r_{53} & r_{54} & r_{55} & r_{56} & r_{57} \\ r_{61} & r_{62} & r_{63} & r_{64} & r_{65} & r_{66} & r_{67} \end{bmatrix} = (r_{ij})_{6 \times 7} \qquad (4.11)$$

其中,$0 \leqslant r_{ij} \leqslant 1, 1 \leqslant i \leqslant 6, 1 \leqslant j \leqslant 7$.

经过模糊处理和专家确定后,故障征兆和故障原因之间的隶属度关系如表 4.8 所示.

表 4.8 训练样本

	Y_1	Y_2	Y_3	Y_4	Y_5	Y_6	Y_7
X_1	0.90	0.01	0.02	0.11	0.01	0.21	0.02
X_2	0.11	0.89	0.43	0.25	0.02	0.20	0.11
X_3	0.10	0.81	0.87	0.81	0.02	0.09	0.02
X_4	0.02	0.45	0.82	0.73	0.11	0.91	0.11
X_5	0.11	0.13	0.02	0.21	0.94	0.12	0.38
X_6	0.12	0.11	0.01	0.09	0.20	0.02	0.93

根据样本的故障征兆数目,可以确定自组织特征映射网络的输入层由 6 个神经元组成.输出层神经元个数将直接对诊断推理结果产生影响,如果输出神经元个数少于故障原因模式类数,有可能把征兆相似的故障推理成相同的故障原因,造成误诊;如果输出神经元个数多于故障原因模式类数,一方面造成网络学习速度和效率降低,另一方面可能不能学习出偏离标准样本的故障原因,造成漏诊.输出层节点的组织采用最典型的二维平面组织方式,输出层每个神经元同它周围的其他神经元侧向连接,该组织方式更具有大脑皮层的形象.基于以上分析和实际情况,输出层神经元个数定为 81(9×9)个.将所有的样本数据输入到 FSOMN,系统经过训练,反复调整权值,训练完成后 FSOMN 诊断知识模型在输出层映射的结果如图 4.6 所示.

通过有关资料收集,采集若干次不同状态的纵向重影数据,利用 FSOMN 在 PZ4650 型多色胶印机上进行实际验证,所得结论与诊断专家的现场诊断结果相符,验证了该方法用于知识获取的正确性.

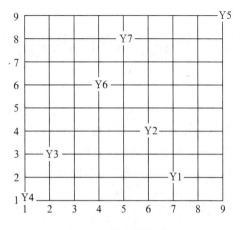

图 4.6 样本训练结果

4.4 本章小结

本章从传统知识获取手段的局限性入手,结合故障诊断领域信息本身的特点,提出基于数据挖掘的知识获取技术.研究数据挖掘的基本概念,改进其过程模型并阐述相关的数据挖掘技术.针对复杂设备故障诊断领域特点,提出应用粗糙集理论、关联规则及模糊自组织神经网络进行知识的自动获取,深入探讨其算法,并通过实例对其可行性和实用性进行验证.

第五章　智能故障诊断过程研究

　　智能故障诊断是工程诊断领域的重要研究方向和必然趋势. 研究故障诊断过程,从多个侧面、多个角度深入分析和探讨故障诊断过程内部信息、知识、智能的组织和运行模式,全面阐述支持智能故障诊断的多个视图,是进行设备智能故障诊断的重要基础. 为实现设备的智能故障诊断,合理的知识表达方式、正确的诊断推理策略以及优化的诊断过程实现算法是其中的重要内容.

5.1　故障诊断过程

　　过程是指事物在时间和空间两个方面的推进和发展[122],表现为一系列活动和活动的方法. 如,一般意义上的设备故障诊断过程是从设备运行状态开始到获得诊断结论的求解过程,它是对设备外在表现给出合理解释及诊断结论的抽象思维活动,是一个从数据采集开始向主体目标逐步推进的过程,是有步骤地分析和综合,不断从定性到定量的问题求解过程. 故障诊断过程一般可以分解成多个不同的步骤或任务,具体包括:数据采集、数据分析、诊断决策及综合评价的求解阶段. 它是既分散、分段又综合平衡的求解过程[123].

　　智能故障诊断过程研究是根据主体目标和相关约束条件,研究诊断过程中的活动及其相互关系,并用特定方法进行抽象描述. 过程中的各个活动可以顺序地或者并行地执行,过程研究为过程管理和过程实现奠定基础. 与故障诊断相关的任务和总体进程需要得到计算机辅助,活动之间通过数据交换进行协同[124]. 图 5.1 描述了典型的故障诊断过程.

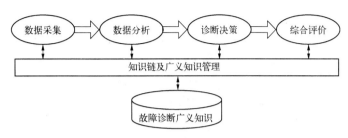

图 5.1 典型故障诊断过程

5.2 支持智能故障诊断过程的多视图分析

智能故障诊断多视图分析是对整个故障诊断过程中信息、知识、智能的组织和运行模式的深入剖析,从多角度分析、描述故障诊断过程,体现了故障诊断中结构、方法和行为等的组织与集成实施策略[125]. 从宏观层面,它着重描述了故障诊断的整个过程并协调各任务之间的相互关系;从微观层面,它定义过程的任务、活动、活动的秩序以及它们之间的约束关系,并给出支持任务、子任务和活动执行的知识和资源,从多个侧面全方位、多角度地支持智能故障诊断过程,体现为四个相互关联的视图:结构视图、行为视图、知识视图和约束视图. 如图 5.2 所示.

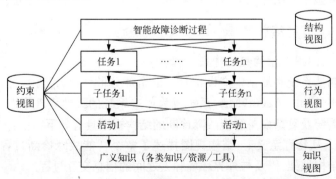

图 5.2 智能故障诊断多视图描述

1. 结构视图

结构视图是对智能故障诊断过程宏观层面的描述,包括面向应用的系统整体构架和组织、面向任务的具体过程之间的协调与控制以及不同粒度知识基元及各类资源的组织和管理,同时也是集成了系统、环境及人的综合体系结构描述.

2. 行为视图

行为视图是智能故障诊断过程中一系列基于知识的智能求解行为的集合,从制造设备原始信息的获取,到信息的初加工(如特征提取等),直到一系列信息的深加工(如诊断推理、综合评判等),形成一种多层次的智能行为体系,体现为多层次信息要求、多方面知识支持、多任务控制模式的行为模型描述.

3. 知识视图

智能故障诊断过程是一个基于知识的处理过程,知识视图是在结构视图和行为视图的基础上,对广义知识在诊断过程中不同行为层中的分布、组织和利用情况进行全面的反映和概念化的描述,深入表达过程中信息和知识的组织和利用情况.

4. 约束视图

约束视图描述智能故障诊断过程中任务和活动之间的复杂约束关系.包括面向结构和功能的任务约束、面向活动组织的流程约束以及面向整个诊断过程的数据约束等.

5.2.1 结构视图

5.2.1.1 结构视图特点

制造系统和复杂生产设备具有的全球分散性、自治性特征,使得多代理(Multi-Agent,MA)系统成为制造系统的天然表现形态. 面向制造系统及复杂设备智能故障诊断的结构视图具有如下特征:

1. 从物理意义上,结构视图描述了整个智能故障诊断过程的组成及结构框架,以及与外界环境和人之间的信息交互过程.

2. 从逻辑意义上,结构视图描述了与故障诊断过程相关的全部任务、子任务及其活动的组织模式,它提供了支持故障诊断过程及其子过程的系统总体框架.

3. 从组织特性上,结构视图包括系统功能模块组成、模块的协调与控制以及广义知识的组织,在组织结构上表现为基于多代理的智能结构体系,具有分布式并行处理、智能性以及良好的柔性和适应性等特点.

5.2.1.2 结构视图描述

智能故障诊断系统在结构组成上包括多个独立的、相互协调的代理,各代理相对独立,具有一定的问题求解能力,同时代理之间可以通过特定的协议进行通信和协同,相互合作共同完成复杂的任务. 图 5.3 描述了基于多代理的智能故障诊断结构视图:

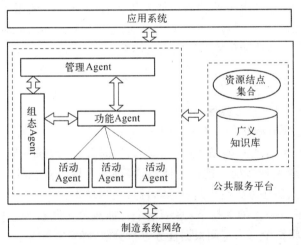

图 5.3 结构视图分析

结构视图是对支持智能故障诊断过程的系统框架结构的反映,表现为多个 Agent 的有机组织和协调,总体上分为管理 Agent、组态 Agent、功能 Agent 以及相关的资源结点集合和广义知识库. 每个 Agent 都是能完成特定功能的相对独立的智能体,管理 Agent 和组态 Agent 主要完成过程的总体协调和控制任务,管理 Agent 作为与外界

的接口,负责接收客户提交的任务请求以及过程的整体管理和自身
维护;组态 Agent 负责从管理 Agent 取得分发的任务,进行过程的构
建和组态,以及大范围的协调和控制,管理 Agent 和组态 Agent 着眼
于全局的功能,使之成为一个面向动态环境和任务的适应性系统;功
能 Agent 由具体的活动 Agent 组成,完成智能故障诊断相关的一系
列分析与求解功能,在底层主要完成实时性要求较高的数据采集、信
息处理和实时监控等任务,上层主要完成对采集数据和信息的分析
判断以及诊断决策,每一活动 Agent 可以自主实现一定的子任务功
能,相互协作完成复杂的任务. 不同粒度的知识基可以作为系统内资
源结点体现,分布在广域范围的知识资源也可以通过封装作为可以
供系统调用的知识基,两者一起组成资源结点集合构建广义知识库,
这些资源结点作为小粒度的功能实体供各级 Agent 调用,实现相应
的功能. 结构视图通过对外接口分别面向制造系统和面向应用,成为
一个综合了系统和环境的集成结构体系.

5.2.2 行为视图

5.2.2.1 行为视图描述

智能故障诊断是一系列基于广义知识的智能求解行为集合,包
括设备原始信息采集、故障特征提取、实时监控、诊断决策及综合评
价等,形成一种多层智能行为体系,表现为多层次信息融合、多方面
知识支持、多任务决策机制的诊断行为视图描述.

在多 Agent 的支持下,鉴于整个智能故障诊断行为过程的复杂
性,需要将整个行为空间根据任务进行分解,确定需要参与的 Agent,
明确每个 Agent 的任务与目标,获得任务的 Agent 之间相互协调并
调用不同的资源完成任务要求. 本文将复杂设备的智能故障诊断过
程分解为状态监视、数据分析、故障诊断和系统决策四个相互联系的
任务层,整个智能诊断过程表述为如下的任务空间:

$$T = \sum_{i=1}^{4} (M_i + F_I + D_i) \tag{5.1}$$

每一任务层包含针对该层任务的信息和知识模型 $M_i(i=1, 2, 3, 4)$、信息融合机制 $F_I(I=1, 2, 3, 4)$ 以及决策模型 $D_i(i=1, 2, 3, 4)$. 通过抽取不同层次的信息和知识,激发系统做出合理的决策和调整,形成支持故障诊断的多层行为视图,体现对领域问题求解的适应性,实现故障诊断的智能化. 图 5.4 描述了故障诊断行为视图.

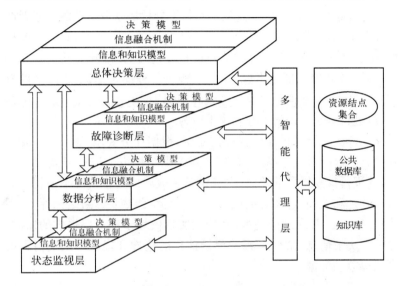

图 5.4 行为视图分析

状态监视层的任务是基于原始的实时设备运行信息,提取信息特征,根据设备状态与特征之间的映射关系,判断设备运行状态,并给出相应的决策行为. 主要由信息感知、信息处理及实时监测、决策三部分组成,分别由相应的功能 Agent 通过其内部智能行为及其相互间的行为协调实现. 实时监测不仅要完成单一过程的状态识别和运行决策,还要考虑到系统、过程、设备耦合情况下的协调处理和决策,通过数据预处理和信息融合,合理支配和使用多传感器及其观测信息,把多个传感器在空间或时间上冗余或互补信息依据规则进行组合,获得被监测设备的一致性解释.

数据分析层是基于实时监测提供的信息、人工输入信息及其他有关信息,进行数据预处理,分析并转化原始数据提取故障特征信息.数据分析层的功能是通过相应的功能 Agent 调用各种用于数据分析的资源结点来实现,这些资源结点包括时域分析工具、频域分析工具、相位分析工具、模态分析工具等.

故障诊断层基于状态监视层和数据分析层获取的监测信息及故障征兆信息,根据故障征兆与故障原因之间的映射关系,建立诊断模型,进行故障诊断,进而针对故障进行处理行为.故障诊断由征兆抽取、诊断及处理三部分组成,该层依赖于各种征兆知识、故障诊断领域专家知识、诊断模型以及故障处理知识等,在上层功能 Agent 的协调下,进行基于知识的推理和决策行为.

总体决策层是最高协调和控制层,根据任务要求,由管理 Agent 和组态 Agent 相互协调动态调整其组织结构以适应任务要求的变化,并进行诊断结果的评价,保证设备在故障或异常情况下能得到有效地处理和控制.总体决策层任务由三部分组成:诊断结果评价、系统组态决策、系统运行决策,其功能实现依赖于前三层提供的监测、诊断和决策信息,结合对相关背景信息的整理和提取形成支持系统全局决策的证据空间.

5.2.2.2 行为视图信息流

从上述的行为视图描述可以看出,智能故障诊断过程中各行为之间存在着信息的流动和相互作用关系,可以进行定性描述. 其信息流运作模式见图 5.5 所示.

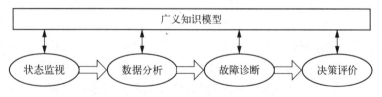

图 5.5 行为视图信息流运作模式

该信息流运作模式的优点体现在:

1. 实现了故障诊断各行为层之间的信息实时共享,克服信息级级传递造成的"牛鞭效应".

2. 广义知识模型为所有行为层提供信息交流的场所,实现对某些问题的共同探讨和决策,大大提高了行为过程的整体协调能力.

3. 增强了故障诊断过程的开放性和伸缩性,面对多变的客户任务需求,故障诊断行为需要做适当地调整,包括分析方法和诊断工具的选择或优化等. 在该运作模式下,只要建立与知识模型的信息通道即可实现与行为过程信息流程的物理连接.

5.2.3 知识视图

5.2.3.1 知识视图描述

与结构视图和行为视图相适应,支持智能故障诊断过程的知识视图也是一种多层多级结构[127],它将全体知识根据问题求解过程中的不同层次和不同作用,在总体上划分为功能知识层 K_f 和系统知识层 K_s,即 $K = K_f + K_s$. 其中功能知识层 K_f 分为领域知识 K_{fd}、推理知识 K_{fi} 和任务知识 K_{ft};系统知识层分为协调知识 K_{sh} 和策略知识 K_{ss}. 全体知识表达为 $K = (K_{fd} + K_{fi} + K_{ft}) + (K_{sh} + K_{ss})$,几类知识由高到低层次化组织起来,根据不同的应用对象进行不同的知识抽取、组织和利用,使求解过程自适应于领域问题本身. 智能故障诊断知识视图如图5.6所示.

1. 领域知识 K_{fd}

领域知识描述领域相关的静态知识,它利用概念、特性、关系、结构等原语提供的词汇框架,实现 K_{fd} 的概念化,通过知识基描述领域中的知识实体,特性用于描述概念的多方面特征,概念和结构通过关系组成更复杂的结构.

领域知识可以是对具体对象的结构、属性等的描述,也可以是对系统中相关变量的描述,是诊断过程进行运作和行为的基本依据,通常以框架、谓词、规则等形式表示. 领域知识被统一表述为:

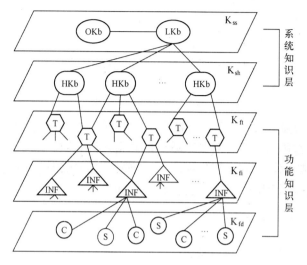

图 5.6　知识视图分析

$K_{fd}::=<\text{concept},\text{property}>|<\text{structure},\text{property}>|<\text{concept},$
$\text{property}>$

$<\text{relation}><\text{concept},\text{property}>|<\text{structure},\text{property}>$
$<\text{relation}>$

$<\text{structure},\text{property}>$

2. 推理知识 K_{fi}

推理知识是智能故障诊断基本问题求解动作的集合,它对诊断
过程中相关推理动作进行功能定义,形成用于推理的知识基,具体求
解行为需结合数据信息和领域知识进行实例化,通常由产生式系统、
状态空间搜索等方式实现. 推理知识表示为:

$$K_{fi}::=<\{\text{INF}\},\text{Input/Output},\{K_{fd}\}>,\text{其中:}$$

INF:是基本的推理机制,针对不同的系统任务形成不同的推理
知识基,如不同的数据分析方法、不同的故障诊断工具就需要不同的
推理知识基结构,以适应不同的任务问题求解过程需要;

Input/Output、$\{K_{fd}\}$：是对推理知识基框架必要的数据和知识支持，具体形成一个推理求解动作.

3. 任务知识 K_{ft}

任务知识针对实际应用对象，通过组合一系列问题求解方法来完成任务，它是对推理知识和领域知识的抽取和利用，在每个不同的任务知识描述框架中，都包含具体的推理知识和领域知识. 表示为：

$$K_{ft}::=<\text{Task},\text{Goal},\{K_{fd}\},\{K_{fi}\}>. \text{其中：}$$

Task：对具体任务实现的问题求解动作的组合序列，也即表示对任务的子任务分解.

Goal：对任务的目标描述，为具体任务求解时推理知识的选择提供参考依据.

$\{K_{fd}\}$：表示任务求解过程中用到的所有领域知识集合.

$\{K_{fi}\}$：表示任务求解过程中用到的所有推理知识集合，一个推理知识基通常完成该任务的一个子任务求解功能，不同的推理知识基组合在一起完成整个任务.

4. 协调知识 K_{sh}

智能诊断过程中各任务由于信息耦合出现相互间的依存关系，需要协调和协作才能实现总体目标. 协调知识 K_{sh} 正是为过程中各任务求解的协调和协作提供知识支持，表示为：

$$K_{sh}=<\{\text{Task}\},\text{Goal},\{\text{HKb}\}>,\text{其中：}$$

$\{\text{Task}\}$：表示存在信息耦合关系从而需要进行协调的任务集合，它是协调知识存在的基础.

Goal：表示各任务协调所要达到的目标要求，它是设计和选择协调知识的依据.

$\{\text{HKb}\}$：HKb 表示协调知识基，针对不同的任务协调形成不同的协调知识基框架，针对$\{\text{Task}\}$协调问题，根据其 Goal 要求，形成相应的$\{\text{HKb}\}$集合.

故障诊断过程中，任务间存在不同的协调类型，如数据分析任务

的协调、故障诊断任务的协调等,协调知识作为故障诊断知识库中的
重要组成部分,是关系智能故障诊断系统在设备故障状态下自适应
和自组织能力的关键.

5. 策略知识 K_{ss}

策略知识位于智能故障诊断知识视图的最高层,它负责根据具
体应用对象动态变化的需求,动态组建智能故障诊断过程单元并实
现任务的动态规划,形成协调控制整个问题求解进程的知识链. 策略
知识表示为:

$K_{ss}::=<\text{Task1},\text{Goal1},\{\text{OKb}\},\text{Task2},\text{Goal2},\{\text{LKb}\}>$,其中:

Task1:表示智能故障诊断系统的组建任务,需要根据具体应用
对象和功能要求,选择合适的功能 Agent,建立起多 Agent 的智能故
障诊断组织模型.

Goal1:表示 Task1 的目标要求.

{OKb}:OKb 表示系统组建知识基,多个 OKb 构成适应 Task1
任务要求的知识集合{OKb}.

Task2:表示智能故障诊断系统的任务规划任务,对组建后的基于多
Agent 的智能故障诊断系统进行动态目标分解、任务设置、任务选择等.

Goal2:表示 Task2 的目标要求.

{LKb}:LKb 表示系统任务规划知识基,分为目标分解知识基、
任务设置知识基、任务选择知识基等,多个 LKb 构成适应 Task2 任务
要求的知识集合{LKb}.

策略知识 K_{ss} 是关系智能故障诊断系统柔性和敏捷性的关键知
识环节,体现了系统在应用对象动态变化情况下的适应能力.

5.2.3.2 知识集成策略

知识集成是一个相当新的概念,目前还没有系统的定义[128]. 简
单地说,知识集成是从多个不同的知识源融合信息和概念的过程.
Ulrich Remer 认为知识集成主要有两个方面:一是集成不同的知识
库;二是集成同一知识不同形式化程度的表示. 现有的文献对知识集

成的研究还很不成熟,大多集中在概念描述的层次. 智能故障诊断过程是基于知识的决策过程,存在着大量的知识,包括静态知识描述、动态知识描述以及分布在网络环境下的诊断知识资源,本文提出了面向诊断过程的知识集成策略.

面向诊断过程的知识集成是将知识集成方法和工具嵌入到故障诊断过程中,与相应的任务及知识管理工具集成起来,图 5.7 给出了面向诊断过程的知识集成描述. 面向诊断过程的知识集成是一种动态的集成,不仅将知识集成环境和知识库关联起来,而且与具体的诊断任务相关联,从而实现在正确的时间以正确的形式将正确的知识送到正确的位置.

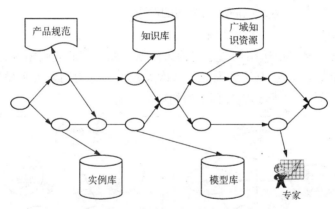

图 5.7   面向诊断过程的知识集成

故障诊断知识包括:领域知识、专家经验、结构原理知识、推理知识、协调知识、策略知识以及分布在广域范围的其他知识资源等. 面向诊断过程的知识集成应考虑到不同任务阶段对诊断知识的不同需求,满足同一任务要求下的诊断知识多样,不同知识解决问题的能力有所区别等,而且随着智能诊断水平的提高,知识本身在不断地获取和完善,诊断资源在不断地增加和补充,是一个动态变化的过程. 面向诊断过程的知识集成反映了系统对知识的动态需求,同时实现了与不同故障诊断任务阶段的结合.

5.2.4 约束视图

5.2.4.1 约束层次网络

约束视图描述智能故障诊断中任务、过程、活动之间种种复杂的约束关系. 这里约束是指故障诊断过程中变量间应该满足的相互制约、相互依赖关系,为了描述这种关系,需要建立一种智能故障诊断过程关系模型来表示约束及约束间的层次关系. 智能故障诊断过程中的约束关系可划分为以下层次:

1. 任务之间的约束.

2. 任务内的约束.

3. 同一任务组织的活动之间的约束.

4. 单个活动对应的约束.

约束网络层次结构通过将约束网络按照一定的规则划分为一系列约束集来实现,基于约束集的层次关系模型称为约束关系模型. 图 5.8 表示智能故障诊断过程中的约束关系模型.

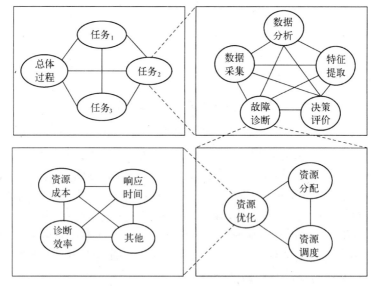

图 5.8 智能故障诊断的约束关系模型

5.2.4.2 基于约束的活动组织

活动是组成智能故障诊断过程的基本单元,它分布于智能故障诊断的各个阶段,在一定约束机制的作用和任务目标的指导下,活动是根据给定输入产生特定输出的过程.活动实现是在一定组织范围内、在知识和工具等资源的支持下、由相对独立并遵循一定规则和规范的智能体协同完成的诊断行为.由于诊断过程的复杂性、约束因素的多样性以及任务实现过程中存在的反复迭代和反馈,约束作用下的活动组织具有动态和复杂的特性,图5.9示意了基于约束的活动组织,图中右上模块用于描述活动间约束网络,左下模块用于描述活动组织过程中的动态特性.

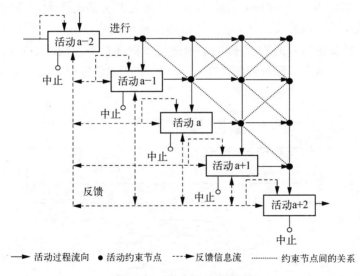

图 5.9　基于约束的活动组织

基于约束的活动组织着眼于智能故障诊断过程的微观活动.用形式化语言描述图中活动约束节点:$r = <V, F, C, P>$,其中:V为约束变量集,F为约束函数集,C为约束条件集,P为约束函数指针,用于约束的定位.通过对约束条件下约束函数的求解,明确活动间基本逻辑关系,如串行、并行、串行耦合、并行耦合等. 对于活动作用过程中,由于不确定现象引起系统不同程度的扰动、造成诊断过程的迭代和反复现象,在模型中以反馈的形式作用于诊断过程.

5.3 智能故障诊断过程实现策略

5.3.1 智能故障诊断过程组织

智能故障诊断过程是一个响应客户请求的复杂任务求解过程,复杂的任务可以通过层次分解转变为一个具有不同粒度的任务及子任务集合体,规划和协调故障诊断子任务及相关活动序列,在知识及广域诊断资源的支持下,把智能故障诊断中的内在相关过程序列映射为任务执行时的调度规则,形成适应不同客户请求的动态知识链,指导智能故障诊断过程的实现. 图 5.10 是面向任务分解的智能故障诊断过程组织描述.

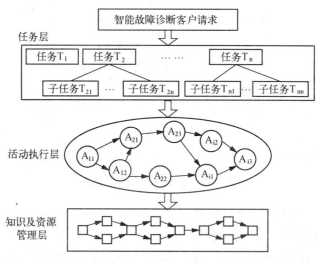

图 5.10　智能故障诊断过程组织

5.3.2 故障诊断知识表达

知识表达是利用计算机能够接受并可以处理的符号方式来表示人类在改造客观世界中所获得的知识. 它是在模拟信息在人类大脑中存放以及处理方式的基础上,对计算机信息处理中知识的形式描述方式进行研究,旨在利用计算机方便地表示、存储、处理和利用知识. 不同的知识表达方式实际上代表不同的数据结构,不同的知识表达方法取决于要描述知识的结构及其机制.

如前所述,智能故障诊断过程是一个基于知识的复杂求解过程,涉及各种类型的知识,包括知识模型中描述的领域知识、推理知识、任务知识、协调知识及策略知识等. 根据表达上的共性与个性,通常将这些知识分为编码型(显性)知识和意会型(隐性)知识两类. 编码型知识是"知道是什么"和"知道为什么"的知识,通过各种载体表达出来,可以度量并能用计算机加以处理,如领域知识和任务知识属于该范畴;意会型知识是"知道怎样做"和"知道谁有知识"的知识,它是人们通过对相关概念的判断、组合和推理;形成对事物本质的认识,属于经验、诀窍和灵感的范畴,如推理知识、协调知识和策略知识属于该范畴. 为便于知识处理,这里采用统一的知识表达模式,在这种模式中,领域、任务、规则和控制知识采用一致的方法表达知识的本质和内涵,将本体知识和面向对象思想相结合构建具有不同知识粒度的知识基,用以表达诊断知识并最终统一于知识库系统中实现知识的集成.

5.3.2.1 领域知识的本体表达

本体论是一个哲学概念,用于描述事物的本质. 目前,本体论被计算机领域广为采用,用于知识表达、共享和重用. 知识工程学者借用这个概念,是为了找出事物的本质,并以此统一知识的组织和表达,使之成为普遍接受的规范,解决知识表达问题.

近年来,许多研究领域都在应用本体这个概念,但定义有差别,广为接受的说法是:本体是某领域内概念的显式说明. 它把现实世界中的某个领域抽象成一组概念(如实体、属性、进程等)或概念间的关系.通过该领域本体的构造,解决知识表达和交流问题,同时也使计算机的处理大为方便.

本体知识是指在某一领域中完成某一任务所遵循的知识的本质和内涵,一个领域的本体论由它的词法和语义解释组成,词法是领域中所用的术语,而语义解释约束了词法在构造具体领域模型时的可用性.图5.11是故障诊断领域本体知识表达模型示意,其中用框架层次结构定义每个节点所包含的概念及其之间的关系.

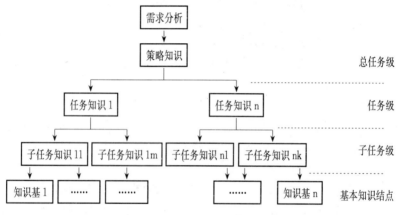

图5.11　本体知识表达模型示意

5.3.2.2　基于知识基的知识表达

面向对象知识表达方法的类层次性、多态性和继承性特点使它成为描述结构化知识最合适的方法.在故障诊断过程中,为便于知识的使用和处理,这里借用面向对象的思想将各类知识按功能要求进行分解,根据概念、结构、功能、关系、任务和方法等将知识划分为细粒度的基本知识单元,通过知识基来描述领域中的这些知识实体.

按照智能故障诊断的知识模型,该领域涉及的知识包括概念、实例、规则和控制知识四大类,不同层次的知识都属于上述四类知识的子类或者由它们通过关系组织构成.不同的知识类型需要用不同的知识基表达,以推理知识为例,它的面向对象表达为:

$$Inference::=<Name,\langle FatherType\rangle,\langle Parameter\rangle,$$

$$\langle Kinfer\rangle,\langle Kfield\rangle>$$

其中,Name 表示推理知识名;⟨Father Type⟩是父类知识的集合,父类知识一般是 Inference 或 Inference 的子孙实体;⟨Parameter⟩表示参数集合,包括推理所需要的输入输出参数;⟨Kinfer⟩表示推理基本知识基集合,针对不同的系统任务可形成不同的推理知识基,如不同的数据分析方法、不同的故障诊断工具就形成不同的推理知识基;⟨Kfield⟩表示相关的领域知识基的集合,提供推理求解所需要的相关领域知识支持.

5.3.2.3 知识库中的通用知识表达

知识库系统是面向人工智能问题求解或智能信息处理的系统,它是为了满足求解问题的需要,按照一定的知识表达方式在计算系统中组织、存储和使用的互相联系的知识集合,包括实例类知识、规则类知识、方法类知识、模型类知识等.知识库中的知识表达模型如图 5.12 所示.

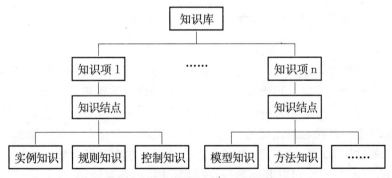

图 5.12 知识库通用知识表达模型

知识库源于人工智能领域,知识的获取、利用和管理是知识库系统的三个重要方面,知识的获取是取得新的知识信息并使其体系化,知识库的研究目标则是如何将获得的知识有效地实现知识表示和推理机制,特别是涉及不完全、不确定、不精确知识的表示和管理问题.

对知识库的利用主要体现为在一定的推理控制策略约束下,对问题空间进行启发式搜索. 故障诊断过程中,为便于知识的管理和使用,有必要对其中的概念、实例、规则和控制知识建立统一的知识表达模式,知识库中的全部知识也都是这四类知识的子类,整个知识库的内容在逻辑上形成一个树状结构. 这里,在知识表达方法上借鉴了面向对象技术中的继承和多态思想,使知识表达更简洁. 以实例类知识为例,它的形式描述如下:

$$INSTANCE: := <Name, \{FatherType\}, \{Parameter\},$$

$$\{Rule\}, \{Constraint\}>$$

其中,Name 表示实例知识名;Father Type 是父类知识的集合,父类知识一般是 Ins tance 或 Ins tance 的子孙实体;{Parameter}表示参数集合,包括实例知识描述中用到的参数说明;{Rule}代表相关规则集合,记录了与此实例相关的规则,用于正向推理;{Constraint}约束集合对{Parameter}的数据起到约束作用,以上各段可根据实际情况加以取舍.

5.3.3 基于知识链的诊断并行推理

5.3.3.1 关于推理技术的思考

智能故障诊断可看成是从设备运行状态空间到解空间的映射,但智能特性决定了其状态空间到解空间的映射关系相当复杂,因此,在故障诊断过程中另一个重要内容是采用何种推理方式将设备的故障状态信息映射到相应的物理空间. 在实际推理过程中存在知识驱动和数据驱动两种方式,知识驱动应用于存在大量领域知识的情况下,典型技术如知识推理等;而数据驱动指摈弃规则,依赖大量领域实际数据参与推理,如实例推理、神经网络和机器学习等[129].

1. 知识推理

人类解决问题的能力体现在两个方面:一是拥有大量的知识;二是具有选择和应用知识的能力. 这种选择知识和应用知识的过程叫做基于知识的推理. 演绎推理和归纳推理是基于知识推理的核心内

容,逻辑推理和似然推理是基于知识推理的主要特征. 这些推理技术在故障诊断中都有运用.

2. 神经网络

人工神经网络从模拟人脑功能出发,以大量的、简单的处理单元广泛连接而形成复杂的网络系统. 在处理方法上,由于其广泛互连的非线性动力学特性,神经网络擅长处理联想记忆、形象思维等问题,也更适合于做表象的、浅层的经验推理及模糊推理;其次由于具有分布记忆和并行计算的特点,有利于知识存储的简化和运行效率的提高;同时神经网络具有自组织和自学习的能力以及良好的容错性.

3. 实例推理

实例推理(Case-based reasoning,CBR)技术起源于 70 年代,是人工智能发展过程中涌现出来的区别于基于规则推理(Rule-based reasoning,RBR)和基于模型推理(Model-based reasoning,MBR)的一种推理模式,它指的是利用旧的实例或经验来解决问题,评价解决方案,解释异常情况或理解新情况.

CBR 具有以下几个优点:

● 在规则难于总结时,以实例为主要依据的实例推理显得更为有效;

● 更符合领域专家的思维习惯;

● 具有自学习能力.

4. 定性推理

定性推理是以模仿人类定性常识进行推理的一种跨领域推理方法. 其主要思路是:忽略所描述问题的次要因素或忽略问题中可能出现的非精确性和不确定性,借助各种规范、准则通过掌握其主要因素简化对问题的描述,在此基础上,将描述问题的传统定量方法转化为相应的定性模型,进行推理和给出定性解释. 定性推理的研究不过十多年历史,发展了很多不同的方法,如 Fourbus 的定性推理进程理论(QPT 方法)、Kuiqers 的定性仿真算法(QSIM 方法)和动力学分析法等. 在精确数据信息没有或不足的情况下,定性推理的使用更有必要性.

5.3.3.2　基于知识链的元控制并行推理

上述推理技术主要强调推理的理论和方法,未涉及计算机的实现问题,在计算机上实现推理时如何选择和应用知识是基于知识的智能系统研究的核心问题. 智能故障诊断过程涉及的知识是多方面的,包括规则知识、实例知识、模型知识、方法知识等等,采用何种控制策略选择和应用知识是基于知识进行推理的关键任务.

控制策略主要解决知识的选择和应用顺序,常用的控制策略包括以下三种[130]:

1. 数据驱动控制　也称为正向推理,它的基本思想是从已知数据信息出发,正向使用规则,求解待解的问题. 它要求用户首先输入有关当前问题的信息作为数据库中的事实.

2. 目标驱动控制　也称为反向推理,它的基本思想是选定一个目标,然后在知识库中查找能导出该目标的规则集,若这些规则中的某条规则前提与数据库匹配,则执行该规则. 否则,该规则前提作为子目标,递归执行刚才的过程,直到总目标被求解.

3. 混合控制　数据驱动的主要缺点是盲目推理,求解了许多与总目标无关的子目标. 目标驱动的主要缺点是盲目选择目标,求解了许多可能为假的总目标,当解空间较大时,这种缺点尤为明显. 解决这些问题的有效方法是综合利用数据驱动控制和目标驱动控制的优点,即通过数据驱动帮助选择某个目标,通过目标驱动求解该目标,这就是混合控制的基本思想.

然而,前面介绍的三种控制都需要事先定义,并不随问题特征不同而改变,事实上,智能故障诊断是一个复杂的基于知识的求解过程,为完成一个问题求解,需要将问题分解为若干个子问题,而这些子问题有些适合正向推理,有些适合反向推理,也有的适合双向推理,还有些问题或许不能只以一种控制策略解决问题,需要随着问题的展开而选择不同的控制方法. 为解决这个问题,需要根据问题类型不同决定采用灵活的控制方式,本文提出建立基于知识链的元控制并行推理策略,首先根据问题的不同进行任务的分析与分解,在多代理机制作用下进行知识的自组织,建立动态知识链,该知识链是元知识,决定选择和应用知识的策略知识.利用元知识构建元知识库,当问题提交时,先进行任务分析与分解,根据知识链提供的知识采用不同的推理方式,最终指导目标推理机完成问题的求解.图 5.13 是元控制并行推理过程.

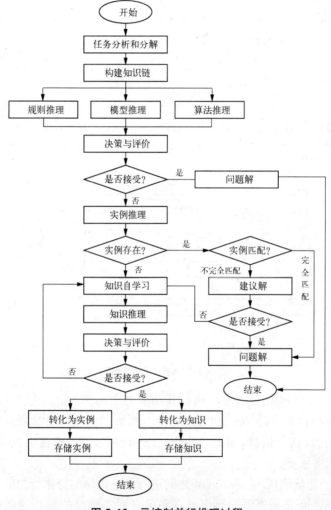

图 5.13　元控制并行推理过程

5.3.4 基于多代理的自组织过程实现

5.3.4.1 面向诊断过程的 Agent 功能结构

智能故障诊断环境下存在着大量的知识,但知识本身并不能解决任何实际问题,必须根据元知识链,合理使用、组织和管理领域的专家知识,组织和调用知识资源,形成具有一定体系结构,具有自主性、交互性、主动性,不同层次、不同粒度的智能 Agent,通过优化 Agent 内部结构,借以提高资源之间的相互协作能力,增强全局一致性,使其具有整体的高级行为能力.

为有效地支持智能故障诊断过程,使建立的 Agent 对智能诊断具有良好的柔性和适应性,图 5.14 给出应用于智能故障诊断过程的 Agent 功能结构,它由共享知识库、通信、协同控制、行为处理及任务接口模块组成[131].

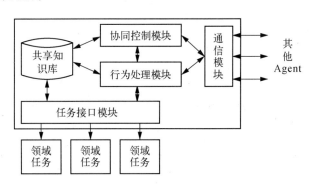

图 5.14 Agent 功能结构

1. 共享知识库. Agent 执行其功能必须的知识和数据采用分区的黑板结构共享,黑板结构提供一个全局数据库,记录代理的注册和注销信息、任务信息、相关的诊断信息和数据,为代理提供数据存储和检索等服务.

2. 通信模块. 它是 Agent 之间进行信息传输与协作行为的基础,作为 Agent 共同遵循的通信语言和信息发布机制的核心功能模块,它包括三个公共组件：共同的代理通讯语言（Agent Communication Language，ACL）、知识查询和操纵语言（Knowledge Query and Manipulation Language，KQML）[132]、共享的领域本体（Ontology）知识. 三个组件确保代理之间有一个共同的会话领域进行交流，避免对领域知识出现二义性解释，具有共同的通讯内容格式和协议，采用 Express、XML，确保信息内容与格式独立.

3. 协同控制模块. 根据行为处理模块提交的处理结果和知识库的相关知识、合作规则以及任务种类进行协同控制，将不同的任务安排到不同的 Agent 完成，决策结果送往通信模块，提交至其他 Agent.

4. 行为处理模块. 根据知识库中的相关领域知识，具体完成 Agent 的任务，结果发送到共享知识库和协同控制模块，引导任务接口模块和协同控制模块任务的执行.

5. 任务接口模块. 是 Agent 和领域任务间的接口，通过监测外部任务事件触发 Agent 的动作或行为.

下面以管理 Agent 为例，给出 Agent 之间基于 KQML 语言通信的消息结构及采用 Express 语言描述的消息内容实体：

消息结构：(KQML message

:language KIF

:sender <address> or <agent ID>

:receiver <agent list>

:reply-with <response tag>

:content <message content> <message tag> <message reliability>

:ontology device diagnosis)

消息内容：ENTITY task_allocation

SUBTYPE OF system_manage

id：equipmentId;

equipment_type：PZX650 multicolor offset press machine;

task_type：mechanism fault；

task_description：longitudinal overprint inaccurate；

END_ENTITY；

5.3.4.2 基于多代理的资源管理与调度

智能故障诊断过程涉及包括分布于广域范围内的各级各类诊断知识资源,如何动态管理和合理组织这些知识资源是自组织过程规划的关键.多代理技术的研究与发展,为该技术在故障诊断领域的应用提供了良好的基础,多代理技术具有的相对独立性、智能性、分布式并行处理、可伸缩性和可维护性等特点,有利于把分散于广域环境中的制造商及专家的知识资源有机地集成起来,适用于分布式动态管理和协调的智能故障诊断过程,将多代理技术应用于智能故障诊断的实现过程具有以下特点:

1. 复杂任务分解简化,多代理机制把管理系统中的控制问题,分散到各个代理结点,借助于谈判的方式协调整体问题的求解,局部问题规模小,容易解决.

2. 反应灵敏,健壮性强,有很强的动态适应能力.全局控制功能由各个 Agent 协调实现,Agent 之间是松散耦合关系,单个 Agent 功能的丧失不会影响到其他 Agent 的正常行为,任务仍能正常完成.

3. 执行效率高,各个 Agent 按照其价值准则和行为目标,自主决策、独立运行,总体上自然形成相互协调、相互适应关系.

4. 提供了动态、开放式环境,便于已有知识资源的升级和新知识资源的加盟.

本文提出将多代理技术应用于资源的动态管理和调度,完成用户提交的诊断任务.基于多代理的资源管理与调度过程包括以下三个功能组件:

1. 资源请求代理.是整个平台的资源管理者,负责接收用户任务,动态监视任务运行情况,并根据需要提交结果.主要功能包括:提供服务注册功能,对用户加入和退出公共服务平台进行动态管理;接受用户提交的任务,并根据任务类型和要求形成任务清单;根据任务清单调度任务,分配资源,并随时监视任务执行情况.

2. 资源域代理.是本域内资源动态管理和调度的中心,负责工作域的创建、属性的收集,接收从资源请求代理提交的任务并根据其特点进行资源结点的分配.功能包括:监听从本域结点发送来的信息,创建资源域成员结点信息资料库并定期刷新;定时接收资源请求代理提交的作业,并判断其可行性,建立本域任务队列;根据提交的任务清单和资源情况,分配任务到合适的资源结点;及时将任务执行情况返回资源请求代理,通过资源代理将结果返回给用户[133].

3. 资源结点.是任务执行的基本功能单元,通过注册加入资源提供方,当任务提交时,由资源域直接调度,资源请求代理间接调度.主要功能有:通过用户认证机制,可以申请加入资源提供方;将本资源结点的状态和负载信息,周期性地提交给资源域;产生服务进程,接收资源域发来的任务并具体执行.

基于多代理的资源动态管理与调度过程描述如下:

1. 启动资源请求代理服务,网络范围内任何与设备服务、监测、故障诊断、数据分析等相关的任务都可以向资源请求代理提出服务申请,资源请求代理通过对申请的确认和任务分析,对服务申请做出回应.

2. 根据提供的服务不同,由资源管理与动态分配模块将资源结点分类,形成资源域,动态管理该域内所有资源结点,监视各资源结点的信息和更新状况,并刷新资源请求代理资料库,以实现请求代理动态调度.

3. 用户通过客户端服务程序将作业任务和具体要求提交给资源请求代理,资源请求代理分析任务情况及约束条件,形成任务清单,根据任务性质、约束要求和资源结点负载情况进行任务调度,形成最佳分配方案,将任务分配给选中的不同资源域中的资源结点.

4. 根据任务要求,被选中的资源结点临时组成虚拟资源社区,社区内各资源结点之间相互调用、协调,共同完成提交的任务. 多个任务并行进行时,资源请求代理根据优先级将任务插入队列,资源动态管理与分配模块获取所需要的资源域内各结点信息和负载情况,确定资源结点优先级,并根据任务优先级选取资源结点组成不同的资源社区,同时守候进程监视各结点及整个任务的执行情况,任务完成时直接将结果反馈给用户. 其工作过程如图 5.15 所示.

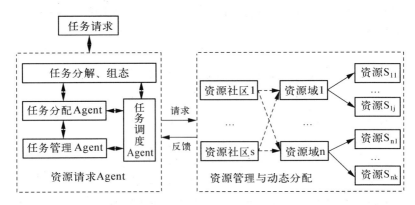

图 5.15 资源管理与调度过程

5.3.4.3 基于约束的资源优化调度算法

根据上面的描述可以看出,各资源结点的优化调度是系统有效作用的关键问题,也是自组织过程实现的核心内容[134]. 资源结点的优化调度,是一个多目标优化决策过程,资源结点的优化调度方法研究包括以下内容:一是应用层次分析法计算影响任务完成的约束条件(评价因素)的权值;二是计算候选资源结点完成任务目标的优先权;最后,通过比较约束条件下资源结点优先权值的大小,选择实现任务目标的最佳工作资源结点集.

1. 约束条件权值的计算

为简化原理和叙述方便,以某一故障状态数据分析任务 T 为研究对象,有 n 个候选资源结点 m_n 可供调用, T 到 $m_i(i = 1, 2, \cdots, n)$ 之间存在 k 个约束 r_k(响应时间 T、服务质量 Q、服务成本 C、安全性 $S\cdots\cdots$),构建图 5.16 所示的层次模型:

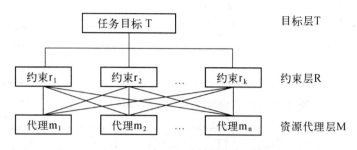

图 5.16 建立研究对象层次模型

本文采用 $\sqrt{3}$ 标度方法,用来表征各约束因素间重要程度关系,如表 5.1 所示.

表 5.1 $\sqrt{3}$ 标度方法

标度 a_{ij}	定　义
1	i 因素与 j 因素同等重要
$3^{1/4}$	i 因素比 j 因素略微重要
$3^{1/2}$	i 因素比 j 因素较为重要
3^1	i 因素比 j 因素非常重要
3^2	i 因素比 j 因素绝对重要
倒数	i 因素与 j 因素比较,所得判断值 $a_{ji} = 1/a_{ij}$,$a_{ii} = 1$

根据 $\sqrt{3}$ 标度方法,给出图 5.16 所示模型各约束因素之间的两两比较判断矩阵,如表 5.2 所示,用近似法计算判断矩阵的最大特征值和特征向量,也就是各因素的相对权重.

$T\text{-}R$ 的判断矩阵为 A:

表 5.2　约束条件相对重要性判断矩阵

A	R_1	R_2	……	R_k
R_1	a_{11}	a_{12}	……	a_{1k}
R_2	a_{21}	a_{22}	……	a_{2k}
……	……	……	……	……
R_k	a_{k1}	a_{k2}	……	a_{kk}

计算判断矩阵每行所有元素的几何平均值：

$$\bar{\omega}_i = \sqrt[k]{\prod_{i=1}^{k} a_{ij}} \quad i = 1, 2, \cdots, k \tag{5.2}$$

得到：$\bar{\omega} = (\bar{\omega}_1, \bar{\omega}_2, \cdots, \bar{\omega}_k)^{\mathrm{T}}$.

对 $\bar{\omega}_i$ 做归一化处理，计算：

$$\omega_i = \bar{\omega}_i \Big/ \sum_{i=1}^{k} \bar{\omega}_i \tag{5.3}$$

得到：$\omega_i = (\omega_1, \omega_2, \cdots, \omega_k)^{\mathrm{T}}$，此为特征向量的值，即约束因素的相对权重.

计算判断矩阵的最大特征值：

$$\lambda_{\max} = \sum_{i=1}^{k} \frac{(A\omega)_i}{k\,\omega_i} \tag{5.4}$$

其中，$(A\omega)_i$ 为向量 $A\omega$ 的第 i 个元素.

检验判断矩阵的一致性，确保判断矩阵参数选择的合理性. 如能通过一致性检验，则进行步骤 2 的计算，否则调整判断矩阵相应元素值，重复上述过程.

2. 候选资源结点优先权值计算

对于故障诊断而言，假设实现故障数据分析任务目标包括若干子任务 $T = \{t_1, t_2, \cdots, t_j, \cdots\}$，当候选结点 m_i 可以完成子任务 t_j，这种对应关系(只在以候选结点为研究对象时才体现)定义为 r_{ij},显然 $r_{ij} = r_{ji}$.

$$r_{ji} = \begin{cases} 1 & \text{代理 } m_i \text{ 可以完成子任务 } t_j \\ 0 & \text{代理 } m_i \text{ 不能完成子任务 } t_j \end{cases} \tag{5.5}$$

t_j 和 n 个候选结点之间的关系如公式(5.6)所示,它给出了子任务和候选结点之间关系矩阵:

$$t_j = (r_{j1}, r_{j2}, \cdots, r_{jn}) \cdot \begin{bmatrix} m_1 \\ m_2 \\ \vdots \\ m_n \end{bmatrix} \tag{5.6}$$

根据公式(5.6),故障数据分析任务集合 T 和候选结点集合 M 间的关系为:

$$F = R \cdot M \tag{5.7}$$

式中 $R = [r_{pq}]_{j \times n}$, $M = (m_1, \cdots, m_n)^{\mathrm{T}}$,采用表 5.1 所示 $\sqrt{3}$ 标度方法,标度 TQCS 约束条件下实现数据分析任务 A 时各资源结点值: $V_i = (v_{it}, v_{iq}, v_{ic}, v_{is})$,依次计算该资源结点在相应约束因子下的分值,$W_i = (w_{it}, w_{iq}, w_{ic}, w_{is})$.

计算过程中,要用到两个效用函数,由于约束因素对资源优化选择的作用效益存在两种情况:以 TQCS(服务时间、服务质量、服务成本、安全性)为例,一是增益效益:服务质量和安全性越高的资源结点越优先选择;二是损益效益:服务时间越短、服务成本越低的资源结点越优先选择. 为此,构建以下两个效用函数:

● 增益目标准则下的效用函数(越大越优):

$$w_{ix} = \frac{v_{ix} - \min_{1 \leqslant i \leqslant n}(v_{ix})}{\max_{1 \leqslant i \leqslant n}(v_{ix}) - \min_{1 \leqslant i \leqslant n}(v_{ix})} \tag{5.8}$$

● 损益目标准则下的效用函数(越小越优):

$$w_{ix} = \frac{\max\limits_{1 \leqslant i \leqslant n}(v_{ix}) - v_{ix}}{\max\limits_{1 \leqslant i \leqslant n}(v_{ix}) - \min\limits_{1 \leqslant i \leqslant n}(v_{ix})} \qquad (5.9)$$

利用公式(5.8)计算 w_{iq}、w_{is},式中 w_{ix} 与 v_{ix} 分别是指 w_{iq}、v_{iq} 与 w_{is}、v_{is};利用公式(5.9)计算 w_{it}、w_{ic} 的方法与公式中变量含义与公式(5.8)中相似.

3. 最佳工作资源结点选择

利用上述所计算出的各约束因素的权值,根据公式(5.10)计算资源结点 m_i 完成子任务 t_j 的相对优先权值 p_{ij}.

$$p_{ij} = \omega_t \times w_{it} + \omega_q \times w_{iq} + \omega_c \times w_{ic} + \omega_s \times w_{is} \qquad (5.10)$$

对相对优先权值的大小进行排序,选择 $\max(p_{ij})$ 为实现子任务 t_j 的最佳工作结点.依次类推,经过计算和比较,得到与完成任务目标相对应的任务集合 $T = \{t_1, t_2, \cdots\}$ 的最佳工作结点集 M.

5.4 本章小结

本章研究故障诊断过程,多角度、全方位剖析智能故障诊断过程内部信息、知识、智能的组织和运行模式,深入探讨支持智能故障诊断过程的多个视图,包括针对宏观和微观两个层面的四个视图:结构视图、行为视图、知识视图和约束视图,分别从不同的侧面、不同的视角阐述智能诊断的实质与内涵.从智能诊断的过程组织、知识表达、诊断推理等方面深入研究智能故障诊断的自组织过程规划策略并给出算法实现.

第六章　智能故障诊断决策模型与评价方法

　　智能故障诊断过程本质上讲是基于知识的决策过程,监控和诊断系统对象的复杂性和特殊性要求正确及时地给出诊断结果,并合理地评价解决方案的可行性. 因此,诊断决策与评价分析是故障诊断过程中密切相关的两项工作,只有建立在客观、公正基础上的评价才能做出正确的决策. 本章的研究为智能故障诊断的方案优选提供决策支持.

6.1　决策与评价

　　本质上讲,故障诊断过程是基于知识的决策过程,是一种特定要求下的决策问题,它主要侧重于设备状态的判断. 对设备的智能故障诊断是指在领域知识的支持下,根据设备运行状态数据,根据不同的方法和工具对设备故障状况进行分析和判断,针对不同诊断工具和推理技术往往产生多种诊断方案,有些甚至相互矛盾,如何进行评价和分析以及多方案的优化排序,是设备故障诊断工作者一直关注的问题.

6.1.1　故障诊断推理决策

6.1.1.1　决策

　　"决策"的概念最早出现在社会系统理论之中,20 世纪 60 年代由美国著名的管理学家、计算机科学和心理学教授 H. A. 西蒙创立了现代决策理论. 决策行为是人类固有的,通俗意义上的"决策"就是做决定,是一种选择行为. 从广义上讲,决策是人们对未来的目标以及为实现该目标的各种可能方案进行设计、分析、判断和选择的过程[135]. 因此,故障诊断决策就是诊断专家或计算机系统根据设备的运行状态对设备进行故障分析、判断、推理,以期获得满足特定要求和用户需求的诊断结果.

6.1.1.2 决策过程

决策过程是从两个或多个可行方案、计划或问题解中,选择一个符合目标要求、最优或相对优的动态反馈过程,它包括决策制定过程和决策执行过程. 从本质上讲,决策过程是一个以决策者为主体的定量和定性相结合的信息处理过程[136-138].

作为一个物理过程,完整的诊断决策过程分如下五个阶段:

● 明确问题,确定目标.

● 建立决策指标体系,包括目标分解、决策指标的初步确定和最终选择.

● 选择并确定决策分析方法,建立决策模型.

● 根据决策规则,拟订诊断方案,包括决策规则选择、结构优化和推理求解过程.

● 对比分析和结果评价,确定最佳方案.

上述的故障诊断决策过程如图 6.1 所示. 当然对于某些实际问题,需要具体情况具体考虑,上述几个阶段的区分并不十分明显.

6.1.2 故障诊断评价

从认识论的角度,评价是指主体参照一定标准、通过一定的技术手段或方法对客体的价值或优劣进行评判比较的认知过程. 如客体系统完成预定功能的程度、是否达到客户满意的程度、技术方法是否合理优化等等. 评价的结果作为决策的依据. 故障诊断过程中的评价工作大致分为下列几种:① 评定不同故障诊断方法的优劣;② 方案的完善程度;③ 评定解决方案是否满足客户需求;④ 评定最优解决方案;⑤ 评定某种诊断方法的最优性;⑥ 评价方案的实施难易程度.

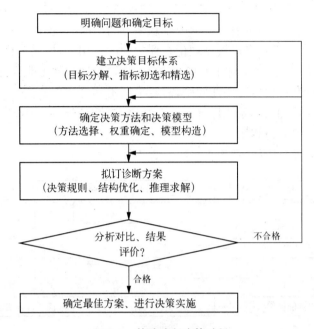

图 6.1　故障诊断决策过程

　　监控和故障诊断系统的对象大多为大型的复杂设备及生产过程,这些设备或过程一旦出现故障或故障得不到及时解决,所造成的损失将十分惊人巨大,这些问题的产生一方面是由于设备的结构复杂导致故障的复杂程度提高;另一方面是无法正确及时地决策故障发生原因,以及无法合理地评价解决方案的可行性.因此为了在诊断过程中对诊断决策方案进行比较,及时提供决策方案合理性、响应时间、完善程度、客户满意度等方面的信息,并做出快速、有效的决策,故障诊断评价过程必须和诊断决策相结合并集成到决策过程中[139].

　　由于大型复杂设备对国民生产的重要作用,对其进行故障诊断的研究具有重要的意义,诊断决策结果需要考虑各方面因素,对方案的评价不是求深度,主要侧重合理适用、快速响应和可操作性强的方法,减少主观性,增加评价客观性.选择的评价方法应适合设备现场应用环境,决策结果应能够快速正确地解决现场问题,满足客户要求. 因为设备运行需要考虑的因素众多,而且存在着模糊表达和不确定性的因素,我们考虑模糊理论在评价中的应用,但模糊理论只能处理边界不确定问题. 对于有些信息不完全的问题,则无能为力. 为解决故障诊断评价的复杂性问题,需要采用不同的评价方法,本文将模糊综合评价和灰色系统评价方法相结合进行综合评价应用于复杂设备的故障诊断过程中.

一般而言,系统评价步骤如图 6.2 所示:

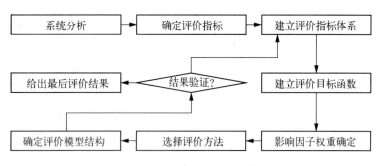

图 6.2 故障诊断评价步骤

6.2 智能故障诊断决策模型

6.2.1 智能故障诊断决策目标体系

要建立智能故障诊断的决策模型,首先需要确定决策目标[140],智能故障诊断追求的目标是:智能性、快速响应性、低成本、高质量、适用性,因此,智能故障诊断的决策目标确定为:智能性(I)、快速响应性(R)、成本(C)、质量(Q)和适用性(A)等五个方面,这五个决策目标之间存在着密切的联系,它们共同构成故障诊断决策目标框架,智能诊断过程中的任何一个决策问题都与上述五个决策目标变量中的某些或全部有关. 这是对整个故障诊断过程的考虑,而不是局部优化的考虑,其框架如图 6.3 所示.

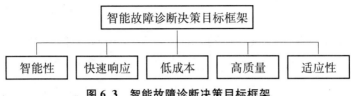

图 6.3　智能故障诊断决策目标框架

6.2.2　智能故障诊断决策模型

上述智能故障诊断决策目标框架,抽象地表达了对故障诊断过程的要求,以及它们之间的联系,但在分析中还必须建立决策目标和决策变量之间的关系,即决策的映射模型. 通过该模型完成决策变量到决策目标的映射,并用数学模型表达出来. 包括以下三个过程:

1. 决策问题的变量描述

智能故障诊断的决策问题需要考虑众多的决策因素,其中涉及的所有变量可用若干个 n 维向量来描述,即:

$$\begin{cases} X = X(x_1, x_2, \cdots, x_n) \\ Y = Y(y_1, y_2, \cdots, y_n) \\ \cdots\cdots \end{cases} \tag{6.1}$$

2. 决策问题的目标函数及优化描述

目标函数:$I(X, Y, \cdots)$, $R(X, Y, \cdots)$, $C(X, Y, \cdots)$, $Q(X, Y, \cdots)$, $A(X, Y, \cdots)$;

优化描述:

$$\{\max(I), \max(R), \min(C), \max(Q), \max(A)\} \Rightarrow$$

$$\text{Optinmum}\{I, R, C, Q, A\}$$

3. 智能故障诊断的决策模型

综上所述,可以建立智能故障诊断的决策模型,对于某决策问题 $D = D\{X, Y, \cdots\}$,求出 $D^* = D\{X^*, Y^*, \cdots\}$. 满足约束条件:

$$g_u(X, Y, \cdots) \leqslant 0 \ (u = 1, 2, \cdots, k),$$

$h_v(X，Y，\cdots)=0\ (v=1，2，\cdots，p＜n)$；使得满足优化描述：

Optimum $\{\ I(X^*，Y^*，\cdots)，R(X^*，Y^*，\cdots)，C(X^*，Y^*，\cdots)，$

$Q(X^*，Y^*，\cdots)，A(X^*，Y^*，\cdots)\}$，

式中，X^*、Y^* 分别为最优参数，$g_u(X，Y，\cdots)$为不等式约束，$h_v(X，$ $Y，\cdots)$为等式约束.

　　智能故障诊断决策模型框架如图 6.4 所示.

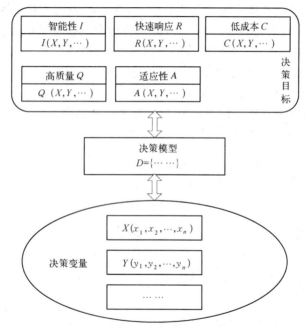

图 6.4　智能故障诊断决策模型

6.3　智能故障诊断评价的指标体系

6.3.1　智能诊断评价指标

目前,对于智能故障诊断还没有公认的定义,但是对提高故障诊

断智能性的研究已经越来越广泛,在总结前人研究的基础上,我们将智能故障诊断的特点归结为以下几个方面[141]:

6.3.1.1 智能性

智能故障诊断的最主要特性是它的智能性,故障诊断的智能性体现在诊断过程中的各个阶段,如知识获取的自动化、知识表达的合理化、诊断推理的智能化等.

6.3.1.2 快速响应性

大型复杂设备和生产系统的智能诊断对快速响应客户请求有较高的要求,任何时间的延误将会给生产带来巨大的经济损失.

6.3.1.3 多方案优选

复杂设备产生故障的影响因素往往也比较复杂多样,从而造成诊断推理结果的多解性,智能故障诊断应充分考虑到能从多方案中优选出最符合客观实际的诊断结果.

6.3.1.4 技术先进性

只有在智能故障诊断过程中采用先进的技术,才能保证智能诊断的技术领先性.智能故障诊断技术先进性并不意味着算法复杂、结构冗余,相反,智能故障诊断的技术先进性侧重追求算法简便实用、结构紧凑、性能可靠、便于实施.

6.3.1.5 实用性

大型复杂设备在制造业中的重要作用,要求其长期不间断地可靠运行,应尽量避免故障的发生,一旦出现故障应采取措施在最短的时间内解决现场问题,因此智能故障诊断技术要追求实用可靠.

6.3.1.6 经济性

作为大型复杂设备或生产过程技术服务的一项重要内容,对制造企业来讲,应考虑低成本、高利润;对设备客户来讲,应追求优质服务、价格低廉.因此,在进行设备的故障诊断时,应充分考虑其设计和实现的经济性.

因此在进行复杂设备的故障诊断时,应从上述几个方面出发考虑问题. 这是从一般意义上给出的评价指标, 但对不同的设备, 即使同一种设备的不同评价对象 (不同的部件), 其评判的指标也有所不同, 评价时应根据具体的评价对象, 给出评价指标. 结合本文的研究对象, 给出大型印刷机械设备的评价指标实例如图 6.5 所示.

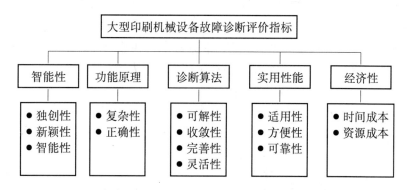

图 6.5　大型印刷机械设备故障诊断的评价指标

6.3.2　智能诊断评价体系

智能故障诊断是一个基于知识的决策过程, 因此, 对故障诊断的评价是面向诊断的整个过程, 包括从知识获取、诊断推理到实施处理进行全面的分析和评估. 智能故障诊断的评价是多目标问题, 应从技术、经济和资源全方位的角度进行评价, 评价体系必须系统地反映故障诊断的智能性、技术先进性、实用性、经济性和快速响应性. 智能故障诊断评价体系结构如图 6.6 所示.

由于智能故障诊断对象及过程的复杂程度、使用条件以及设备功能、性能及运行环境等方面都千差万别, 因此, 在评价时应根据具体情况制定评价准则, 并且都应明确包括智能性 (I)、技术先进性 (T)、实用性 (U)、经济性 (E) 以及快速响应 (R) 等内容, 只是具体指标不同.

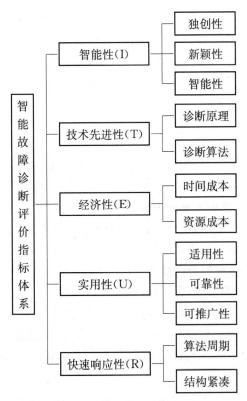

图 6.6 智能诊断评价指标体系

6.4 智能故障诊断的模糊层次评价

所谓模糊层次评价,是对诊断对象结构、功能、行为进行深入剖析的基础上,统筹考虑智能故障诊断在整个过程中的各种评价属性,并根据它们的层次特性,建立待评对象的递阶层次模型.根据评价指标的特性,利用模糊理论原理,对故障诊断结果进行综合评价.

通过上面对决策目标及评价体系的分析可以看出,智能故障诊断的评价指标较多,根据评价指标体系中各指标所属类型,可以将其划分成不同的层次,同时很多评价指标属于领域专家经验的范畴,难以用定量的方法进行分析,只能用"很好"、"一般"、…;或"强"、…、"弱"等"模糊概念"来评价. 因此,利用模糊理论将模糊信息定量化,采用模糊层次评价的方法是对具有模糊概念的多层次多指标体系进行评价的有效方法.

6.4.1 模糊集合与隶属函数

模糊评价本身是模糊理论的一项重要研究内容,所以在讨论模糊层次评价之前,先了解一下模糊集合及隶属函数的概念[142-145].

6.4.1.1 集合及特征函数

在经典集合论中,集合是由"非真即伪"的数学语言描述的,适应这种数学语言的对象构成了经典集合论中的各种集合.

为了引出模糊集合的概念,首先给出集合论中的一个基础概念,称为"论域",所谓论域就是所讨论的问题涉及的对象的全体,它是一个普通集合. 在经典集合论中,对于论域 U 内的任意一个元素 x 与一个集合 A 的关系,只能是 $x \in A$ 或 $x \notin A$ 两种情况,二者必居其一. 集合可通过特征函数来描述,并且每个集合都有一个特征函数. 如果用函数表示,则有:

$$\mu_A(x) = \begin{cases} 1,若 x \in A \\ 2,若 x \notin A \end{cases} \tag{6.2}$$

函数 $\mu_A(x)$ 称为集合 A 的特征函数,它刻画了对集合 A 的隶属情况,也称为 A 的隶属函数. μ_A 在 x 处的值 $\mu_A(x)$ 称为隶属(程)度,当 x 属于 A 时,x 的隶属度为 $\mu_A(x) = 1$.

集合有并、交、补三种基本运算,通过特征函数就可以把集合转化为函数,集合的基本运算转化为隶属函数的相应运算,使运算更加简便.

6.4.1.2 模糊集合与隶属函数

模糊集合是根据"隶属函数"的概念定义的,"隶属函数"与经典集合的特征函数相类似.

定义 6.1 论域 $U = \{x\}$ 上的模糊子集 A 由隶属函数 $\mu_A(x)$ 来表征,$\mu_A(x)$ 在闭区间 $[0,1]$ 中取值,$\mu_A(x)$ 的大小反映了 x 对模糊子集 A 的隶属程度.

该定义表明,论域 $U = \{x\}$ 上的模糊子集是指 U 中具有某种性质的元素的全体,这些元素具有某种不分明的界限.隶属程度表明了对于 U 中任一元素属于模糊子集 A 的程度.隶属函数的确定是应用模糊理论研究模糊问题的基础,本质上讲是客观的,但隶属函数的具体确定涉及对模糊概念的认识,往往根据经验或统计来确定,具有一定程度的主观性质.

6.4.2 模糊层次评价算法

模糊评价法是运用模糊集合理论对系统进行综合评价和决策的一种方法,即根据给出的评价标准和实测值,经过模糊变换后对事物做出评价.这种方法将不确定的信息通过隶属函数用定量的方法加以处理,变定性决策为定量决策,增加判断的直观性和准确性.

层次分析法的基本思想是先按问题要求建立起一个描述系统功能或特征的内部独立的递阶层次结构,通过两两比较因素的相对重要性,给出相应的比例标度,构造上层某元素对下层相关元素的权重判断矩阵,以给出相关元素对上层某元素的相对重要程度.

智能故障诊断综合评价的模糊层次评价方法可分为五个步骤进行:

1. 建立描述系统功能或特征的内部独立的递阶层次结构.

2. 两两比较结构要素,构造出所有的权重判断矩阵.

3. 解权重判断矩阵,得出特征根和特征向量,并检验每个矩阵的一致性.若不满足一致性条件,则要修改判断矩阵,直至满足条件为止,最后计算出最底层指标的组合权重.

4. 建立最底层评价指标的隶属函数,求出隶属度.

5. 对待评价对象进行模糊综合评价.

6.4.2.1 建立递阶层次模型

根据评价指标体系中各指标所属类型,将其划分成不同层次,形

成智能故障诊断综合评价系统的递阶层次评价模型. 这也是层次分析法的关键步骤,通常该模型由以下三个层次组成:

1. 目标层　这是最高层次,描述了评价的目的.

2. 准则层　该层为评价准则和影响评价的因素,是对目标层的具体描述和扩展.

3. 指标层　该层是对评价准则层的细化,即对准则层的具体化.

图 6.7 是智能故障诊断模糊层次评价的模型层次结构图.

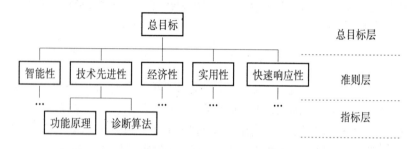

图 6.7　智能故障诊断模糊层次评价的模型层次结构图

6.4.2.2　建立权重判断矩阵

假定以上一层次的元素 A_m 作为准则层,A_m 对下一层次的元素 B_1,B_2,$\cdots$,B_n 具有支配关系,因此,要在准则 A_m 下,按照相对重要性对 B_1,B_2,$\cdots$,B_n 赋以相应的权重. 层次分析法中采用两两比较法,对于准则 A_m 的下层元素 B_i 和 B_j 进行两两对比,判别其相对重要程度. 为了使判断定量化,一般引用 Saaty 提出的 1～9 比例标度法. 表 6.1 为采用的 1～9 比例标度法则.

表 6.1　评价指标相对重要度判断尺度

判断尺度 b_{ij}	内　容　含　义
1	对 A_m 而言,B_i 和 B_j 同样重要
3	对 A_m 而言,B_i 比 B_j 重要一些

判断尺度 b_{ij}	内　容　含　义
5	对 A_m 而言，B_i 比 B_j 明显重要
7	对 A_m 而言，B_i 比 B_j 重要得多
9	对 A_m 而言，B_i 比 B_j 极端重要
2,4,6,8	介于上述两个相邻判断尺度中间
倒数	B_i 和 B_j 比较，判断值互为倒数

根据层次分析结构模型，对处于同一层次中的各因素用成对因素的判别比较，并根据 1～9 比例标度将判断定量化，形成准则 A_m 下的权重判断矩阵 $B=(b_{ij})_{n\times n}$，形如：

$$B=\begin{bmatrix} b_{11} & b_{12} & \cdots & b_{1n} \\ b_{21} & b_{22} & \cdots & b_{1n} \\ \vdots & \vdots & \vdots & \vdots \\ b_{n1} & b_{n2} & \cdots & b_{nn} \end{bmatrix} \tag{6.3}$$

其中，$b_{ji}=1/b_{ij}$，b_{ij} 的值可由表所示的判断尺度确定.

6.4.2.3　确定各评价指标的权重

确定各个评价指标的权重是模糊层次评价法中的重要步骤. 根据判断矩阵，先计算出判断矩阵的特征向量 W，然后经过归一化处理，使其满足 $\sum_{i=1}^{n} W_i=1$，即可求出 B_i 关于 A_m 的相对重要度，即权重. 计算步骤如下：

1. 计算判断矩阵每一行元素的乘积 M_i：

$$M_i=\prod_{j=1}^{n} b_{ij},\ i=1,2,\cdots,n \tag{6.4}$$

2. 计算 M_i 的 n 次方根 $\overline{W}_i=\sqrt[n]{M_i}$.

3. 将 $\overline{W}=(\overline{W}_1,\overline{W}_2,\cdots,\overline{W}_n)^T$ 进行归一化处理，即

$$W_i = \frac{\overline{W}_i}{\sum_{k=1}^{n} \overline{W}_k} \qquad (6.5)$$

其中，$\overline{W} = (\overline{W}_1, \overline{W}_2, \cdots, \overline{W}_n)^{\mathrm{T}}$ 为所求特征向量，也即是元素 $B_i(i = 1, 2, \cdots, n)$ 的权重.

4. 计算最大特征值

$$\lambda_{\max} = \sum_{i=1}^{n} \frac{(BW)_i}{n W_i} \qquad (6.6)$$

6.4.2.4 容错性判断及一致性分析

求出最大特征值 $\lambda_{\max}$ 后，进行容错判断及一致性分析是保证结论可靠的必要条件：

计算一致性指标 CI

$$CI = (\lambda_{\max} - n)/(n-1) \qquad (6.7)$$

当 $\lambda_{\max} = n$ 时，称 B 为完全一致性矩阵，此时一致性指标 $CI = 0$.

为了度量不同阶判断矩阵是否具有满意的一致性，引入判断矩阵平均随机一致性指标 RI 值. 表 6.2 所示用随机方法分别对 $1 \sim 9$ 阶构造样本矩阵，计算其一致性指标 CI 值，然后平均得到 RI.

表 6.2　判断矩阵 RI 值

阶数	1	2	3	4	5	6	7	8	9
RI	0.00	0.00	0.58	0.96	1.12	1.24	1.32	1.41	1.45

计算一致性比例 CR：

$$CR = \frac{CI}{RI} \qquad (6.8)$$

当 $CR < 0.1$ 时，则认为 B 的一致性是可以接受的，否则就需要调整判断矩阵，直至具有满意的一致性为止.

6.4.2.5 确定组合权重

在计算了各级指标对上一级指标的权重以后,即可从最高级开始,自上而下递推计算各级指标关于评价目标的组合权重,其计算过程描述如下:

设 A 级有 m 个指标 A_1,A_2,$\cdots$,A_m,它们关于评价目标的组合权重分别为 a_1,a_2,$\cdots$,a_m. A_i 的下一级有 n 个子指标 B_1,B_2,$\cdots$,B_n,它们关于指标 A_i 的权重向量为 $b^i = (b_1^i, b_2^i, \cdots, b_n^i)^T$,则子指标级的指标 B_j 对于评价目标的组合权重为:

$$W_j = b_j^i a_i, \quad j = 1, 2, \cdots, n \tag{6.9}$$

从式(6.9)可以看出,某一级指标的组合权重是该指标的权重和上级指标的组合权重的乘积值.

6.4.2.6 底层评价指标隶属函数确定及隶属度计算

1. 建立评价指标的隶属函数

由于评价指标本身在计量单位上的差异,所有隶属函数的建立过程实质上就是无量纲化过程.把多个异量纲的评价指标综合成一个总隶属度,必须选取和建立某种隶属函数,用以把不同现实尺度刻画的指标值转化成隶属度.它表明从该判断指标着眼被评价对象的相对地位,也描述了该指标对该评价对象总相对地位的贡献程度.

总之,隶属函数就是要建立一个从论域到[0,1]上的映射,用来反映某对象具有某个模糊性质或属于某个模糊概念的程度.建立隶属函数的方法有很多种,考虑到智能故障诊断过程缺乏足够的概率统计数据和推理方法,因此采用开始时先建立一个近似的隶属函数,只要由该隶属函数所确定的隶属度能反映元素从隶属某一集合到不隶属这个集合的变化过程的整体特征即可,以后再根据实际情况逐渐修正和完善.从应用的角度,直线型无量纲公式最简单适用,因此这里采用直线型无量纲公式作为隶属函数计算式.

2. 计算隶属度

将评价指标的实际测量值放入隶属函数中,计算出每个评价指标的隶属度.为简便起见,将隶属函数的分布分为两类:升半梯形分布和降半梯形分布,隶属度的计算见表 6.3.

表 6.3　隶属度计算

实际测量值	隶属域	隶属函数分布	隶属度
x	$[a, b]$	升半梯形分布	$(x-a)/(b-a)$
x	$[a, b]$	降半梯形分布	$(b-x)/(b-a)$

6.4.3　模糊层次评价模型

在智能故障诊断过程中,会涉及各种复杂的决策问题.因此,建立一个适用于复杂设备及生产系统、从不同的层次和角度对故障诊断进行综合评价的决策模型,以及在模型中反映产品主要决策目标,对提高智能故障诊断的整体效益具有重要意义.

按照上述分析,求出每个最底层的评价指标的隶属度 $\mu_A(x_i)$,并计算出相应的各指标的组合权重 W_i 后,即可进行模糊层次的综合评价.由于智能故障诊断各评价指标间相互独立,在评价中所处的地位和作用不尽相同,同时为简便起见,采用线性加权和的方法建立模糊层次评价模型:

$$T = \sum_{i=1}^{n} W_i \mu_A(x_i) \qquad (6.10)$$

其中 T 反映了方案对于理想目标(各指标值最佳)的隶属度,根据 T 值的大小可以进行方案排序和选优.

6.5　灰色关联评价方法

在系统分析中,为了研究系统的结构和功能,明确而具体地表达出系统的工作特性,就要建立适当的数学模型去描述系统.这首先需要分析各种因素,弄清因素间的关系.一般来说,构成现实问题的实体因素是多种多样的,因素间的关系也是多种形式的,因而,要想知道因素与因素间的全部关系是不可能的,也是不必要的.这种情况下,应只着眼于与决策者的目的相关联的主要因素和关系.系统分析中,常用的定量分析方法是数理统计法,如回归分析、方差分析、主成分分析、主分量分析等,但它们往往要求大样本,且要求典型的概率分布,而这在实际中很难实现.灰色关联分析方法不受这些局限,它可在不完全的信息中,对所要分析研究的各因素,通过一定的数据处理,在随机的因素序列间,找出它们的关联性.

6.5.1 灰色关联分析原理

灰色关联分析[146]是灰色系统理论中最重要的组成部分,在对非线性、离散以及动态的数据进行量化分析和评价等领域具有独特的优越性.灰色关联分析的基本思想[147]是根据系统相关因素序列曲线的形状与参考序列曲线的几何形状的相似程度或相对于始点的变化率的大小来判定诸相关因素对结果的影响程度,这种程度称为关联度.因素曲线的几何形状与参考曲线的几何形状越相似或变化速率越接近则关联度越大,因素对结果的影响程度也就越大,反之影响程度就越小.

灰色关联度不光考虑了比较数列在数值上对参考数列的贡献程度,而且更为重要的是它动态看问题,它从各比较数列的发展趋势上作了比较,图6.8为灰色关联度示意图.其中序列3为参考数列,序列1和序列2为比较数列,从曲线的发展趋势可以看出,曲线2与曲线3的发展趋势非常接近,而曲线1与曲线3的发展趋势大不相同,故序列1与序列3的关联度小于序列2与序列3的关联度.

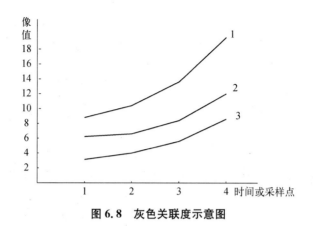

图 6.8　灰色关联度示意图

6.5.2　多层次灰色关联分析

6.5.2.1　多层次灰色关联分析基本思路

关联分析属于几何分析的范畴. 在对关联分析中许多人建立了各种关联分析和关联度的计算公式,并在实际应用中取得了良好效果. 如上面讨论的有关关联度的问题. 但它们着重从两条曲线之间的面积大小来度量两曲线的相似程度,从而忽略了曲线的变化趋势. 而且没有考虑各因子的权重差异,即按等权重处理.

在智能故障诊断中,各相关因子在方案中的地位和作用的不同,各因素的权重是不同的,因此,为进行灰色关联分析,可在各因素之间取不同的权重. 层次分析法是一种非常有用的方法,对于工程问题,指标(因素)既有定性的又有定量的,层次分析方法的特点就是将定性的因素加以定量化,因此,可以在灰色关联分析时用层次分析方法确定各因子的权重.

多层次灰色关联分析的基本思路[148-149]是将层次分析的方法应用于灰色关联分析中,即通过层次分析法确定各层次各指标的权系数,并运用熵法修正权重,考虑到各因素的重要性不同,把按乘法法则计算得到的各指标权系数加入关联度的计算,即由各元素下的关联系数取平均值改为取加权平均,从而也可以较好地克服关联分析法对各评价指标主次不分的缺点.

6.5.2.2　多层次灰色关联分析工作步骤

1. 确定最优化集

设 $X = \{X_1, X_2, \cdots, X_m\}$ 为 m 个方案的集合,其中 $X_i = (x_{i1}, x_{i2}, \cdots, x_{in})$ 为方案 i 的 n 个指标原始数据,即 $x_{ij}(i = 1, 2, \cdots, m; j = 1, 2, \cdots, n)$ 表示方案 i 的第 j 个指标值.

设 $X_0 = (x_{01}, x_{02}, \cdots, x_{0n})$,其中 $x_{oj}(j = 1, 2, \cdots, n)$ 表示第 j 个指标在各方案原始值的最大值;如果取小值较好,则取各方案原始值的最小值;若取平均值较好,则取各指标的平均值. 根据此原则,可以构造矩阵 D 为:

$$D = \begin{bmatrix} x_{01} & x_{02} & \cdots & x_{0n} \\ x_{11} & x_{12} & \cdots & x_{1n} \\ \vdots & \vdots & \vdots & \vdots \\ x_{m1} & x_{m2} & \cdots & x_{mn} \end{bmatrix} \tag{6.11}$$

2. 规范化处理

由于评价指标相互之间通常具有不同的量纲和数量级,不能直接比较,因此需要对原始指标值进行规范化处理,即所谓等权,就是指各序列的数据在大小上应比较接近,如果两个序列间的数据在大小上相差太大,则小数值序列的作用将会被大数值序列掩盖. 灰色系统作等权处理的方法,一般有初值化、均值化、最大法、最小法等方法,最常用的是前两种.

鉴于计算的简便和合理,这里采用均值化处理,设第 j 个指标的平均值为 $\bar{x}_j$,则用下式将原始指标值换为无量纲值: $c_{ij} = x_{ij} / \bar{x}_j$,$D$ 经过转换后得到矩阵 C,即为:

$$C = \begin{bmatrix} c_{01} & c_{02} & \cdots & c_{0n} \\ c_{11} & c_{12} & \cdots & c_{1n} \\ \vdots & \vdots & \vdots & \vdots \\ c_{m1} & c_{m2} & \cdots & c_{mn} \end{bmatrix} \tag{6.12}$$

3. 确定参考数据列和比较数据列

设 m 为参评对象数据序列数,参评数据序列所对应的影响因素的测定数据总数为 n,经规范化处理后各方案指标值作为比较数列描述如下:

$$C_1 = [c_{11}, c_{12}, \cdots, c_{1n}]$$

$$C_2 = [c_{21}, c_{22}, \cdots, c_{2n}]$$

$$\cdots\cdots$$

$$C_m = [c_{m1}, c_{m2}, \cdots, c_{mn}]$$

为了对比较数列进行评价,需要确定评价参考数据列,将经规范化处理后的最优指标集作为参考数据列如下:

$$C_0 = [c_{01}, c_{02}, \cdots, c_{0n}].$$

4. 计算关联度

灰色关联评价方法是灰色系统理论中最重要的组成部分,关联度分析是一种很好的因素分析方法,是分析系统中众多因素关联程度的方法,是对系统统计数据列集合关系的比较. 关联性实质上是数据列间几何形状的差别,因此可以将数据列间差值的大小,作为关联程度的衡量尺度. 定义以下关联系数的计算公式:

$$\xi_{ij} = \frac{\min_i \min_j | c_{0j} - c_{ij} | + \rho \max_i \max_j | c_{0j} - c_{ij} |}{| c_{0j} - c_{ij} | + \rho \max_i \max_j | c_{0j} - c_{ij} |} \quad (6.13)$$

其中,ξ_{ij} 为针对第 j 个指标比较数据列 c_i 对于参考数据列 c_0 的相对差值,这种形式的相对差值称 c_i 对于 c_0 在第 j 个指标的关联系数; $\rho \in [0, 1]$ 为分辨率系数,是为了削弱最大绝对差因过大而失真的影响,以提高关联系数之间的差异显著性而给定的系数,一般取 $\rho = 0.5$; $\min_i \min_j | c_{0j} - c_{ij} |$ 称为两级(两个层次)的最小差.

第一层次最小差：

$$\Delta_i(\min) = \min_j \mid c_{0j} - c_{ij} \mid \qquad (6.14)$$

是指在绝对差 $\mid c_{0j} - c_{ij} \mid$ 中按不同 j 值选其中最小者.

第二层次最小差：

$$\Delta(\min) = \min_j(\min_j(\mid c_{0j} - c_{ij} \mid)) \qquad (6.15)$$

是在 $\Delta_1(\min)$，$\Delta_2(\min)$，$\cdots$，$\Delta_m(\min)$ 中挑选其中最小者. 即 $\Delta_i(\min)$ 是 "跑遍 j 选最小者"，$\Delta(\min)$ 是 "跑遍 i 选最小者".

而 $\max_i \max_j \mid c_{0j} - c_{ij} \mid$ 称为两级（两个层次）的最大差.

第一层次最大差：

$$\Delta_i(\max) = \max_j(\mid c_{0j} - c_{ij} \mid) \min_j \qquad (6.16)$$

是指在绝对差 $\mid c_{0j} - c_{ij} \mid$ 中按不同 j 值选其中最大者.

第二层次最大差：

$$\Delta(\max) = \max_i(\max_j(\mid c_{0j} - c_{ij} \mid)) \qquad (6.17)$$

是在 $\Delta_1(\max)$，$\Delta_2(\max)$，$\cdots$，$\Delta_m(\max)$ 中挑选其中最大者. 即 $\Delta_i(\max)$ 是 "跑遍 j 选最大者"，$\Delta(\max)$ 是 "跑遍 i 选最大者".

按照多层次灰色关联度法的基本思路，定义综合评价矩阵为 $R = E \times W$：

$$\begin{vmatrix} r_1 \\ r_2 \\ \vdots \\ r_m \end{vmatrix} = \begin{vmatrix} \xi_{11} & \xi_{12} & \cdots & \xi_{1n} \\ \xi_{21} & \xi_{22} & \cdots & \xi_{2n} \\ \vdots & \vdots & \vdots & \vdots \\ \xi_{m1} & \xi_{m2} & \cdots & \xi_{mn} \end{vmatrix} \times \begin{vmatrix} w_1 \\ w_2 \\ \vdots \\ w_n \end{vmatrix} \qquad (6.18)$$

其中：$E = \{\xi_{ij}\}_{m \times n}$ 为各指标的关联系数矩阵；$R = \{r_i\}_{m \times 1}$ 表示第 i 个方案的评价结果矩阵，$r_i = \sum_{j=1}^{n} \xi_{ij} \cdot w_j (i = 1, 2, \cdots, m)$ 为关联度，

表示第 i 个方案的评价结果；$W = (w_1, w_2, \cdots, w_n)$ 为 n 个评价指标的权重分配矩阵，$w_j(j = 1, 2, \cdots, n)$ 表示第 j 个指标的权重.

5. 评价方案的优劣

根据以上计算的结果，对各方案优劣进行排序，其方案的关联度越大，说明越接近于最优参考方案，则该方案最优.

6. 指标的权重计算

用层次法确定指标的权重有很多种方法，包括算术平均法、几何平均法、特征根法、幂法及最小二乘法. 这些计算方法侧重点不同，各有优缺点，但是它们均未考虑方案的信息，如历史和预测信息，在此引入熵法来修正权重，修正后的权重可用于各方案的综合排序.

设 m 个方案 n 个评价指标的决策矩阵为：$D = (x_{ij})_{m \times n}$.

令 $P_{ij} = \dfrac{x_{ij}}{\sum\limits_{i=1}^{m} x_{ij}}$，根据信息论指标输出的熵为：

$$E_j = -K \sum_{i=1}^{m} P_{ij} \ln P_{ij} \, (j = 1, 2, \cdots, n) \qquad (6.19)$$

其中，$K = (\ln m)^{-1}$；因为 $0 \leqslant P_{ij} \leqslant 1$，故 $0 \leqslant -\sum\limits_{i=1}^{m} P_{ij} \ln P_{ij} \leqslant \ln m$，由此可知：$0 \leqslant E_j \leqslant 1$.

定义偏差度为 $d_j = 1 - E_j (j = 1, 2, \cdots, n)$，若已知优先权重为 $W^* = (w_1^*, w_2^*, \cdots, w_n^*)$，则修正后的权重为：

$$w_j = \dfrac{w_j^* w_j^E}{\sum\limits_{j=1}^{n} w_j^* w_j^E} \, (j = 1, 2, \cdots, n) \qquad (6.20)$$

其中：$W_j^E = \dfrac{d_j}{\sum\limits_{i=1}^{n} d_j}$.

6.6 综合评价过程及实现

6.6.1 综合评价过程总体结构

智能故障诊断结果的正确决策依赖于正确的评价过程.但是,由于不同评价方法都有各自的使用前提和适应范围,而智能诊断方案很难严格符合每种方法的要求,导致相同的方案采用不同的评价方法,可能评价结果不同.因此,对于一个实际问题,先运用不同的评价方法求解,然后把各种方法得到的结果进行综合评价,以寻求比较可靠的方案排序.综合评价一般常用的方法有平均值法、Borda 法和Copeland 法,本文采用比较简单、实用的方法——平均值法.所谓平均值法,即先计算每个方案的各种评价排序方法得到的次序的均值,然后对均值由大到小排序,就可以得到各方案的排序向量.

智能故障诊断的评价过程是在数据库和知识库的支持下,在诊断决策的控制下,对设备故障诊断方法及诊断结果的总体效果和性能进行评价.其总体结构主要由四大模块构成:数据准备模块、分析评价模块、综合评价模块和信息反馈模块,如图 6.9 所示.

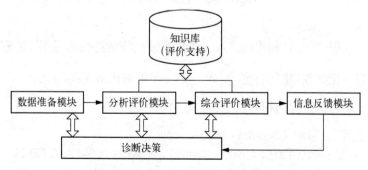

图6.9 智能故障诊断评价总体结构

6.6.2 实例分析

以大型印刷机械设备 PZ4650B 润版胶印机为例,对该设备智能故障诊断方案的评价,涉及多个评价指标,这些指标之间相对独立,但对于总体目标而言,侧重于不同的目标,就会产生不同的方案. 例如智能性的高低、诊断原理的正确、投入成本的大小和算法是否收敛、运行是否可靠、可操作性难易程度等.

1. 首先采用模糊层次评价法进行研究,为简化计算,根据专家分析和应用实践,参照图所示的评价指标体系及图模糊层次评价的模型层次结构图,选用智能性的高低、诊断原理的正确、算法是否收敛、运行可靠性高低、投入成本的大小和可操作性难易程度 6 项指标作为指标集,建立权重判断矩阵,其具体数值是通过层次分析法对指标之间做两两比较,由专家根据经验反复回答进行判断,通过 1~9 比例标度法使判断定量化,以实用性准则作为上层准则为例建立判断矩阵如下:

$$R = \begin{vmatrix} 1 & 1/5 & 1/3 & 1/4 & 2 & 5 \\ 5 & 1 & 6 & 3 & 2 & 5 \\ 3 & 1/6 & 1 & 2 & 5 & 3 \\ 4 & 1/3 & 1/2 & 1 & 4 & 2 \\ 1/2 & 1/2 & 1/5 & 1/4 & 1 & 3 \\ 1/5 & 1/5 & 1/3 & 1/2 & 1/3 & 1 \end{vmatrix}$$

根据式(6.4)和式(6.5),先计算判断矩阵的特征向量 W,然后经过归一化处理,使其满足 $\sum_{i=1}^{n} W_i = 1$,即可求出对于实用性($\underline{U}$)准则的 6 个评价指标的相对权重:

$$W_U = (w_1, w_2, w_3, w_4, w_5, w_6)^{\mathrm{T}}$$
$$= (0.120\,6, 0.548\,3, 0.463\,2, 0.684\,1, 0.368\,9, 0.551\,7)^{\mathrm{T}}$$

根据公式(6.6)计算判断矩阵的最大特征值 $\lambda_{\max} = 6.264\,5$,当 $n = 6$ 时,判断矩阵的一致性指标为 $CI = (\lambda_{\max} - n)/(n-1) = 0.052\,9$,由于一致性比例 $CR = CI/RI = 0.04 < 0.1$,因此判断矩阵的一致性可以接受.

以此类推,按照上述过程计算各指标对其他 4 个准则层目标的相对权重分别为:

$W_I = (0.568\,3, 0.438\,2, 0.411\,3, 0.235\,4, 0.181\,9, 0.128\,3)^T;$
$W_T = (0.421\,3, 0.568\,1, 0.213\,8, 0.156\,2, 0.102\,1, 0.118\,7)^T;$
$W_E = (0.106\,3, 0.178\,2, 0.098\,2, 0.535\,4, 0.689\,1, 0.323\,8)^T;$
$W_R = (0.325\,6, 0.318\,2, 0.451\,2, 0.251\,2, 0.080\,9, 0.182\,3)^T.$

按照同样的过程计算准则层对总目标的权重向量(过程略)为:
$W' = (0.361\,0, 0.523\,1, 0.310\,5, 0.279\,8, 0.301\,5)$,根据式(6.9)得到 6 个指标对总体目标的组合权重:

$$W = (w_1, w_2, w_3, w_4, w_5, w_6)$$
$$= (0.274\,5, 0.465\,0, 0.321\,9, 0.421\,0, 0.251\,3, 0.332\,5).$$

表 6.4 所示是对 PZ4650B 润版胶印机进行智能故障诊断过程中的四个评价方案指标集,表中的具体数值是根据若干专家统计得出.

表 6.4　方案指标集

指标＼方案	独创性	诊断原理	算法收敛	可靠性	诊断成本	可操作性
1	1.00	0.86	0.65	0.25	0.17	0.54
2	0.98	0.25	0.45	0.52	0.64	0.35
3	0.62	0.48	0.35	0.68	0.32	0.19
4	0.35	0.28	0.76	0.37	0.76	0.20

将评价指标的实际测量值代入表所示的隶属函数计算公式,隶属域取[0.15, 0.25],计算每个评价指标的隶属度向量分别为:

$$\mu_1(x_i) = (7.54, 6.31, 2.73, 5.63, 3.29, 4.98);$$
$$\mu_2(x_i) = (5.84, 3.12, 4.72, 5.37, 3.91, 1.98);$$
$$\mu_3(x_i) = (6.13, 3.86, 4.27, 6.38, 2.19, 3.21);$$

$$\mu_4(x_i) = (2.87, 4.23, 6.32, 1.71, 4.16, 5.28).$$

根据式(6.10)分别计算得：$T_1 = 9.148$；$T_2 = 8.475$；$T_3 = 9.156$；$T_4 = 9.142$. 所以四个方案的优先次序为方案 3—方案 1—方案 4—方案 2.

2. 采用多层次灰色关联分析法对上述实例进行研究,由于表中的指标已经进行过规范化处理,所以确定比较数据列为：

$$C_1 = [1.00, 0.86, 0.65, 0.25, 0.17, 0.54];$$
$$C_2 = [0.38, 0.55, 0.45, 0.52, 0.44, 0.31];$$
$$C_3 = [0.42, 0.61, 0.29, 0.50, 0.37, 0.25];$$
$$C_4 = [0.32, 0.41, 0.29, 0.55, 0.27, 0.21].$$

参考数据列为：

$$C_0 = [0.43, 0.62, 0.31, 0.48, 0.37, 0.29].$$

根据式(6.13),计算两级最小差为 0,两级最大差为 0.5,则关联系数为：

$$\zeta_{ij} = \frac{0 + 0.5 \times 0.5}{|x_{0j} - x_{1j}| + 0.5 \times 0.5}$$

于是得关联系数矩阵：

$$E = \begin{vmatrix} 0.30 & 0.51 & 0.42 & 0.52 & 0.56 & 0.50 \\ 0.83 & 0.78 & 0.64 & 0.86 & 0.78 & 0.92 \\ 0.96 & 0.96 & 0.89 & 0.89 & 1.00 & 0.74 \\ 0.88 & 0.91 & 0.87 & 0.86 & 0.97 & 0.53 \end{vmatrix}$$

权重根据层次分析方法计算,参考式(6.19)和式(6.20)进行修正后得：

$$W = |0.35, 0.61, 0.40, 0.50, 0.33, 0.30|^T$$

代入式(6.18)得：

$$R = E \times W = |\ 1.18, 1.21, 1.74, 168\ |^{\mathrm{T}}.$$

所以四个方案的优先次序为方案 3—方案 4—方案 2—方案 1.

3. 综合评价

用平均值法对整个过程进行综合评价,得到各方案的排序结果如表 6.5:

表 6.5　方案排序结果

结果值　　　方案 〳 评价方法	1	2	3	4
模糊层次评价	2	4	1	3
灰色评价	4	3	1	2
总　　计	6	7	2	5

最终得到 4 个方案的评价结果排序为(从优到劣):方案 3>方案 4>方案 1>方案 2.

6.7　本章小结

本章提出智能故障诊断的决策目标及相应的决策模型. 给出智能故障诊断的评价指标体系,将层次分析方法分别与模糊综合评价和灰色关联分析相结合,讨论模糊层次评价、多层灰色关联评价的概念,深入研究其原理、算法和综合评价实施方法,并给出分析实例. 将智能诊断评价有机地集成到智能故障诊断决策过程中,为智能故障诊断的正确决策提供强有力的分析方法支持,对于提高故障诊断效率、保障设备及系统的正常运行具有重要作用和意义.

第七章　应用案例与分析

7.1　引言

　　印刷包装机械设备属于典型的大型复杂机电设备,设备功能增多,结构日趋复杂,随着现代科技的飞速发展,尤其是自动化技术、电子技术的发展,印刷机械设备日益向高效、精密和自动化方向发展,随之设备的故障诊断也越来越困难.由于印刷技术本身的特殊性,在工艺上要求较高,加上纸张油墨的可变因素大,所以产生故障的因素很多,有时一种故障的产生有几十种可能性原因.然而,当前印刷行业的故障诊断和维修主要依靠感觉和个人经验,印刷过程中设备发生故障,往往会由于套印不准、墨杠、重影、纸绉、倒顺毛等问题停机检修几个小时,有时为了准确定位故障原因要花几天时间,严重地影响了生产,造成极大的经济损失,充分说明现有故障诊断方法已经远远不能适应现代化印刷的要求.如何在设备运行过程中通过分析状态数据,预先感知故障趋势并采取措施进行在线调整加以避免;故障出现时正确地判断设备状态,及时发现故障并进行故障排除成为目前故障诊断系统研究的首要任务.

　　本章在前面提及的基于公共服务平台的远程智能诊断系统总体框架基础上,以本文的核心内容智能故障诊断技术的实现及应用为中心,研究智能故障诊断原型系统开发,然后以印刷包装机械设备为应用对象,对开发的智能故障诊断系统及其关键技术进行分析及验证.

7.2 智能故障诊断原型系统开发

7.2.1 系统开发目标

前已述及,本课题的研究是基于上海电气集团这样一个应用和研究背景,以构建公共技术及服务平台为基础,重点研究该领域中知识的自动获取技术、智能诊断过程和实现方式以及知识评价体系,完成基于 Internet 的远程故障诊断系统的开发和应用.

系统的开发立足于目前故障诊断领域的用户需求,面对传统诊断方式存在的不足,以实现智能化故障诊断为目标,开展故障诊断领域中自动知识获取、智能诊断过程及决策评价等关键技术的研究,力争在系统理论、智能诊断方法上有新的突破,在系统的支撑技术、实现方式方面找出新的途径,在系统应用方面取得新的成果,系统开发的目的是对本文研究的内容及理论成果进行应用验证,为应用企业开发出一套具有系统实用性、平台开放性、功能可扩展并且技术先进的智能故障监测和诊断系统.

7.2.2 系统开发环境

7.2.2.1 Web 应用平台

随着计算机技术的发展,系统应用基础架构经历了主机/终端架构、客户机/服务器模式和 Web 服务平台模式三个阶段.

主机/终端架构于 20 世纪六七十年代逐渐兴起,这种应用架构以典型的批处理、联机交易、消息传递和数据库为技术方向,运行稳定、可靠、高效,但是投资高,终端方式的输入输出非常呆板,限制了企业业务的多样性、差异性的发展.

客户机/服务器模式于 20 世纪八九十年代随着 PC 技术的蓬勃发展而发展,这种应用架构以前台图形用户界面(GUI)和后台关系型数据库为技术方向,系统开放、性价比高,大大降低了企业构建业务系统的门槛.

自 20 世纪 90 年代中期开始,随着 WEB 技术大量引入到传统的客户机/服务器结构中,形成当今非常热门的三层结构 B/S,其实质是客户机/服务器模式与 WEB 技术相结合的产物,它主要是将客户机与服务器的一部分逻辑处理事务接管到中间层服务器上,使得整个应用系统的负载能够均匀分布,提高整个系统的响应时间与响应效率.

远程设备智能故障诊断系统根据其运行环境及应用需求,基于这种三层服务结构,如图 7.1 所示.

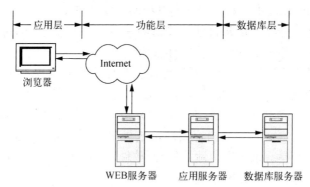

图 7.1 Web 服务结构

1. 应用层:只有浏览器,借助于 Java Applet、VBScript、JavaScript 脚本以及 ActiveX 技术等处理一些简单的客户端处理逻辑,并显示用户界面和 Web 服务器的运行结果.

2. 功能层(WEB 服务器+应用服务器):负责接受远程或本地的客户请求,然后运行服务器脚本,借助于 JSP、Servlet、Applet 等中间部件把数据请求通过 JDBC 发送到数据库服务器上获取相关数据,再把结果数据转化成 HTML 及各种脚本传回客户的浏览器.

3. 数据库层:服务器负责管理数据库,处理数据更新及完成查询要求、运行存储过程,它可以是集中式的也可以是分布式的.

浏览器与 Web 服务器之间的关系就类似于主机/终端系统中终端与主机系统的关系,中间功能层与数据库服务器之间的关系类似于 C/S 结构中客户与服务器的关系. 在三层结构中,数据计算与数据处理集中在中间功能层,由于中间功能层服务器的性能容易提升,所以三层结构可以很好地满足用户的需求.

7.2.2.2 开发框架及环境

在系统开发方式上,随着计算机硬件、网络技术的发展以及网络计算等技术的兴起,人们对软件系统开发的认识从单一系统的完整性和一致性向提高群体生产率、不同系统之间的灵活互连和适应而变化.以主机为中心的计算方式转变为以网络为中心的计算方式,在这种计算方式的演变趋势下,软件开发也逐渐从开发为中心的方式转向以集成为中心的方式.

传统开发方法中,开发过程需要针对应用对象从底层进行系统的设计和编制,同时还必须考虑系统的硬件体系、通信结构、数据库技术、界面等一系列复杂因素,各应用软件间的相互配合和接口界面的设计更是非常繁琐的过程,在这种方法指导下开发的系统通用性差,无法适应系统的变更和扩充.传统的采用应用软件以及相互间接口的独立开发方法已经难以满足软件开发要求,本文采用了集成化软件开发平台的概念.集成化开发的特点是强调以数据为中心,有效地将应用程序从支撑环境中分离出来,它使系统从开发式走向装配式、从"硬"集成走向"软"集成、从"封闭式"集成走向"开放式"集成.开放性要求提高系统软硬件构成的标准化和重用性,进而提高系统集成的效率,组件化开发是实现开放性和集成性的有效手段.

组件是独立于特定的程序设计语言和应用系统、可重用和自包含的软件单元,以此技术为基础的软件解决方案效率高、花费低.采用组件技术开发软件系统的优势体现在:

1. 缩短开发时间,开发过程中可以将先行开发的组件装配到系统中,实现不同功能模块的即插即用,从而加速系统的开发.

2. 开发更具灵活性,组件是动态连接的,应用程序在运行过程中需要组件时,组件被动态连接,因此只需动态调整全部应用的部分组件,即可为企业不同需求的应用提供特定的解决方案.

3. 降低软件维护费用,各组件的软件功能是相对独立的,组件封装了功能实现的细节,以组件接口的方式与外界通讯,只要接口不变,组件内部的变化不会影响构建的应用系统程序,组件的这些特性使得在维护和升级组件时,不必变动整个应用,降低了应用成本,维护简便.

当今,开发大型的复杂 Web 应用主要有 J2EE 和.net 两种主流的技术,两种技术各有特点,在对系统框架及功能要求进行整体规划的基础上,同时鉴于 J2EE 技术在跨平台性、总体成本、业界支持、平台成熟性以及支持组件技术等方面的优势,系统选用 J2EE 开发框架. J2EE 的目标是:提供平台无关的、可移植的、支持并发访问和安全的、完全基于 Java 的开发服务器端组件的标准. 在 J2EE 中,给出了完整的基于 Java 语言开发面向企业分布式应用的规范,服务器端分布式应用的构造形式包括了 Java Servlet、JSP、EJB 等多种形式,以支持不同的业务需求,Java 应用程序具有的"Write once, run anywhere"特性使得 J2EE 技术在分布式计算领域得到了快速发展. EJB 是 Sun 推出的基于 Java 的服务器端组件规范 J2EE 的一部分,自从 J2EE 推出之后,得到了广泛的发展,已经成为应用服务器端的技术标准. Sun EJB 技术是在 JavaBean 本地组件基础上发展的面向服务器端分布应用的组件技术. 它基于 Java 语言,提供了基于 Java 二进制字节代码的重用方式. EJB 给出了系统的服务器端分布组件规范,包括组件、容器的接口规范以及打包、配置等的标准规范内容. EJB 技术的推出,使得用 Java 基于组件方法开发服务器端分布式应用成为可能. 从企业应用多层结构的角度,EJB 是业务逻辑层的中间件技术,它提供了事务处理的能力;从分布式计算的角度,EJB 象 CORBA 一样,提供了分布式技术的基础;从 Internet 技术应用的角度,EJB 和 Servlet、JSP 一起成为新一代应用服务器的技术标准.

系统开发采用先进的模型—视图—控制器(Model-View-Controller,MVC)设计开发模式,目的是将数据描述、数据表现和应用操作几个部分分离,增加系统的可复用程度,支持多个同步的数据视图,从而分解软件系统中的不同层,简化系统的维护,提高可扩展性、灵活性和封装程度,具体应用中采用 Struts 实现 MVC 的开发和设计模式.

系统开发的具体环境如下:

1. 操作系统:Windows 2000 Advanced Server.

2. 软件工具:应用服务器选用 IBM 公司的 WebSphere 4.04;数据库系统选用 Oracle8i;程序开发工具为 Eclipse、ant、WSAD4.0.

7.2.3 系统实现结构

公共服务平台环境下,基于知识的智能故障诊断系统框架如图 7.2 所示.由于 Internet 在全球的发展与普及,并且由于其具有标准化、开放性、分布式等众多优点,该平台充分利用 Internet 的超文本、网络通信技术,实现分布在异地的数据和知识资源共享,适用于企业的全球化发展,客户端使用标准的浏览器,所有的应用事务及管理和协同集中在服务器端处理,分布式诊断资源通过网络与公共服务平台实现动态连接.构建基于公共服务平台的智能故障诊断系统,可以同时减少制造商和用户的硬件投资;采用组件技术,便于标准化开发,系统易于维护和更新换代.

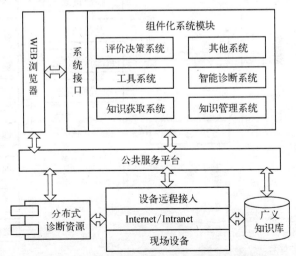

图 7.2 基于知识的智能故障诊断系统结构框架

7.2.4 系统实现功能

基于公共服务平台的设备远程智能故障诊断系统按照功能分为四大子系统：设备接入子系统、智能故障诊断子系统、信息发布子系统和系统管理子系统. 系统各功能模块结构如图 7.3 所示.

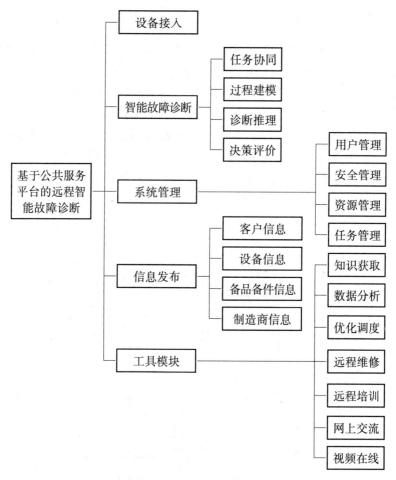

图 7.3 系统功能模块结构

在公共服务平台环境下进行设备智能故障诊断时,首先通过网络远程采集设备端的实时状态信息,系统服务器接受设备运行状态信息,并进行存储、分析和处理,通过数据挖掘技术或者人机交互的方式完成知识获取,并进行基于知识的智能故障诊断过程,必要时动态集成分布式诊断资源共同完成诊断任务,任务执行后返回满足用户对设备运行状态动态需求的结果,完成智能诊断结果在 Web 上的动态发布.系统主界面如图 7.4 所示.系统的主要功能包括:

7.2.4.1 任务协同功能

任务协同指对用户提交的任务进行分析和分解.通过将复杂设备的故障诊断任务分解为若干相对简单的子任务,用不同的诊断资源分别或共同协作进行问题求解,可以降低求解任务的难度,充分发挥各种诊断资源的优势.

7.2.4.2 智能求解功能

基于知识的智能故障诊断系统,知识是驱动力,系统通过组织与管理不同的应用实例、工具、方法等知识,充分利用资源进行协同分析复杂设备的故障诊断问题,克服现有故障诊断系统的不足,驱动智能求解功能的实现.

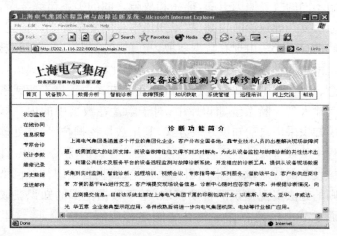

图 7.4   系统主界面

7.2.4.3　资源管理功能

通过对智能故障诊断整个过程中的相关信息和知识的管理,集成使用者所需要的各种应用软件,定义、管理设备故障相关的各种知识,将信息、知识和应用高度集成,该功能可以合理组织诊断资源、改善诊断流程、提高诊断效率.

7.3　智能故障诊断系统关键技术及应用实例

7.3.1　知识获取过程

智能诊断系统的主要任务是根据得到的征兆智能地推断出诊断对象可能存在的故障,并给出故障发生的原因和故障排除的方法和手段.系统的智能来源于它所拥有的知识,知识是其工作的原始驱动力.但知识获取的困难成为基于知识的智能系统进一步发展的"瓶颈".

以印刷机械设备为例,设备结构功能非常复杂,组成印刷机械设备的各子系统及组成各子系统的许多零部件,它们之间有机联系在一起.同一个故障发生可能会导致不同的征兆出现,同一个征兆出现可能由不同的故障原因引起,征兆和故障之间的关系错综复杂,故障多样原因复杂导致诊断规则、故障知识本身的复杂和难以描述,甚至在有些情况下无法由现有数据获取内在的故障规律,知识获取困难.本系统采用两种方式进行知识获取:对于比较容易用显式语言描述的概念、实例、规则等知识通过人机交互的方式由领域专家或系统用户将其输入到诊断系统知识库中;对于隐含在数据中的内在规律或模式等知识采用自动知识获取方式,利用数据挖掘技术,在处理问题的过程中从设备大量的运行状态数据中发现知识、积累知识.针对印刷机械设备的特点,本文采用粗糙集理论、模糊自组织神经网络和关联规则的方法实现知识的自动获取.基于数据挖掘的知识获取过程在前面章节中已经有详细的算法阐述和应用实例验证,这里不再赘述.

7.3.2 知识及知识表达

7.3.2.1 智能故障诊断系统中的知识

智能故障诊断系统中的知识主要包括设备结构知识、功能原理知识、专家经验知识、故障实例知识及评价准则知识等.

1. 设备结构知识

结构知识指设备或系统的构成和连接关系,设备的结构知识具有层次性,印刷设备系统级的结构如输纸装置、收纸装置、印刷机组和润版装置等,部件级的结构如输纸吸头、分纸吹松装置、轴的连接方式、轴承类型等.

2. 设备功能知识

功能知识指设备或系统在设计时要实现的一些功能. 如收纸装置的功能是由最后一个色组的倍径滚筒传送给收纸咬牙排,收纸咬牙排咬住印张传送时,经过纸张消卷器、纸张减速器、压纸风扇、齐纸和喷粉等装置,使纸张平稳整齐地放于收纸台板上.

3. 设备行为知识

行为知识是指设备或系统所有输出的表现形式或状态,可以通过设备运行过程中各种性能参数表现出来,通常有满足设计要求的正常状态和偏离设计要求的异常状态.

4. 故障原理知识

故障原理知识是设备故障形成和发展的规律,需要利用设备的结构、功能和行为等方面知识的综合分析才能了解到,有时要通过模拟试验才能获得,这是故障诊断非常重要的知识.

5. 专家经验知识

经验知识是领域专家或运行人员在长期的故障诊断实践中积累起来的,关于如何通过观测到的行为特征对故障进行分析、判断、识别、验证和消除等正反两个方面的启发式知识,主要表现在故障与故障、故障与征兆、征兆与征兆之间的复杂关系.

6. 过程算法知识

指过程运算方法、神经网络模型等方面的知识.

7. 元控制知识

元控制知识是指在诊断过程中,如何有效地运用上述各类知识的知识,它主要是用来协调和控制不同类型知识的利用策略,以提高诊断效率.

7.3.2.2　智能故障诊断系统中的知识表达

上述知识都是复杂设备故障诊断的本体知识. 按照不同的知识类型分别采用层次语义网、模糊产生式或者模型知识表示法,然后进行组件封装成知识基,存入知识库进行统一管理和调用.

对于专家经验类知识,可采用模糊产生式规则描述如下:

$$IF\ A_1\ AND\ A_2\ AND\ \cdots\ AND\ A_n\ THEN\ B(CF)$$

其中,A_i 为前提,B 为结论,CF 为专家给出的规则的置信度,且 $0 \leqslant CF \leqslant 1$.

以 PZX650B 胶印机输纸装置为例: 如果征兆滚筒合压不当且滚筒齿轮和轴承磨损严重,印刷过程中 80% 会出现纵向重影故障. 其知识表达可以如下规则表示:

IF 滚筒合压不当 AND 滚筒齿轮磨损 AND 轴承磨损严重,THEN 纵向重影故障出现 (0.8).

系统知识库中的知识表示形式如下:

$$<规则>::=(<规则名>(IF(<前提\ 1>)$$
$$\cdots$$
$$(<前提\ n>))$$
$$(THEN(<结论><结论的置信度>)))$$

为了使规则的操作简便、一致,这里采用了最简单的规则表示形式: 在一条规则的前件最多只有两条,各前件之间只有 AND 关系,没有 OR 关系. OR 关系用两条有相同的<THEN 部分>的规则表示.

例如,规则 IF A AND (BORC) THEN $D(CF)$ 表示成:

规则 IF A AND B THEN $D(CF_1)$ 和规则 IF A AND C THEN $D(CF_2)$，而且后面一种表示方法更有一般性. 具有 OR 关系的两条规则可以有不同的"规则置信度"，这种情况在实际问题中很常见，如果用一条规则来表示，则无法反映这种"置信度"的不同.

7.3.3　故障诊断自组织过程实现

7.3.3.1　问题提出

PZX650 型系列多色胶印机是上海电气集团下属的光华印刷机械有限公司在 90 年代设计并试制成功的 PZ4650 型机组式平版印刷机的基础上，采用模块化成组设计方法开发的系列型产品. 该系列产品的主要规格和技术参数基本统一，除色组数量区别外，其主要机械结构及电气原理基本相同，专用于印刷富有艺术价值的精美印刷品，如画册、年画、挂历、样本、包装纸盒、书刊封面、插图、装潢品等. 对 $35\sim350$ g/m² 的各种纸张均能适应. 该机自动化程度较高，操作安全方便，特别适合当今印刷业的短版和多色印品的特点要求，是现代印刷企业高生产率的精良产品.

该系列设备由机械结构和电气控制两大部分组成，其中机械结构主要包括连续输纸装置、印刷机组、收纸装置和连续润版装置四个组成部分，连续输纸装置的功能是要准确、及时地从纸堆上逐张分离出单张纸，并向前传送到接纸辊处，分离单张纸时，要求不出现双张、多张和空张现象，它的核心组成部件包括输纸吸头、分纸吹松器、输纸带、前规和侧规等；印刷机组是印刷机的核心部件，由润湿和着墨装置、递墨装置、匀墨机构、印版滚筒和橡皮滚筒等组成；收纸装置采用了封闭式链条悬挂式收纸台，收纸台板升降由双速电机驱动，并设有不停机连续收纸装置，印张是由最后一个色组的倍径滚筒传送给收纸咬牙排，收纸咬牙排咬住印张传送时，经过纸张消卷器、纸张减速器、压纸风扇、齐纸和喷粉等装置，使纸张平稳整齐地放于收纸台板上；连续润版装置的作用是利用油和水互斥的原理，在印刷过程中稳定、均匀地向印版涂布以适量的润湿液液膜，并能根据印版、印刷材料、版面图文分布,方便地对版面润湿液膜厚薄进行调节,主要有水斗、水斗辊、传水辊、串水辊和着水辊等部件组成;电气控制部分是现代印刷机中必不可少的,是适应印刷机自动化、高速化和高效化要求而发展的,主要包括 PLC 可编程控制器、变频电机、光纤型光电开关等部件.

由上可以看出,印刷机械设备 PZX650 型胶印机系列产品设计先进、结构复杂、自动化程度高,对现代印刷企业具有重要的作用,设备结构的复杂带来了故障本身的复杂以及故障排除的困难.因此,本文以 PZX650B 胶印机为例,利用构建的开放式公共服务平台系统框架,融合前面章节介绍的理论和方法,进行复杂设备的智能故障诊断.

7.3.3.2 智能诊断及过程描述

利用开放式公共服务平台进行智能故障诊断过程的实现.公共服务平台的构建为分布式设备的故障诊断提供了协同工作环境,实现广域范围内的资源集成和共享,通过这个平台使所有相关人员在统一的虚拟空间都能参与诊断过程,功能强大、实施方便.围绕用户主体目标的实现,系统核心功能分以下几个方面展开论述.

1. 用户任务提交

注册用户可以根据需要向平台提交诊断任务,包括任务清单及相关的在线设备运行状态数据等.如图 7.5 所示.

图 7.5 用户任务提交

2. 系统管理

公共服务平台是一个集成化功能管理平台,为用户提供包括核心功能在内的一系列相关系统管理功能,具体内容包括:用户注册、权限管理、资源集成与管理、任务管理等.

● 用户注册

用户经过身份认证后,注册为不同级别的系统用户,如服务提供者、服务申请者、普通用户等,它们可以向平台注册服务功能、提交任务请求或者浏览相关信息,同时可以共享平台提供的针对不同用户级别的服务.

● 权限管理

对用户的基本属性进行管理,根据需要将用户权限分为制造商用户、设备客户、资源提供者用户三类,对用户权限的管理采用基于角色的访问控制机制,将整个访问控制过程分成两个部分,即访问权限与角色相关联,角色与用户相关联,将用户划分成与其所在组织结构相一致的角色,从而实现了用户与访问权限的逻辑分离,使安全访问控制的管理更具有柔性,减少授权管理的复杂性,降低管理开销,为管理员提供一个较好的、实现复杂安全策略的环境. 基于角色的访问控制模型如图 7.6 所示. 系统角色包括系统管理员角色、企业管理员角色、企业技术人员角色、服务提供者角色和设备使用者角色,对角色的管理有:创建角色、删除角色、修改角色、查询角色.

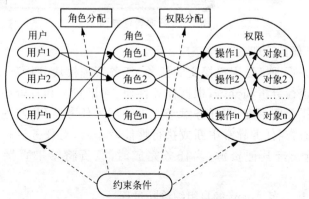

图 7.6　基于角色的访问控制模型

● 资源集成与管理

平台提供开放式接口,任何一台 PC 机、集群或局域网都可以向平台提出申请加入平台资源提供方,服务平台通过对申请的确认及招标来收集资源,形成资源提供方簇;获批准的资源结点下载服务程序,与平台形成动态松耦合关系,在需要的时候向平台提供资源和服务,从而实现广域环境下服务资源的动态集成和管理;服务平台通过建立资源信息库并周期性刷新,对系统资源进行统一管理和分配. 如图 7.7 所示.

图 7.7 资源管理界面

● 任务管理

任务管理接受用户提交的任务,任务管理模块分析环境属性,对任务进行分析和分解,根据任务性质、通讯状况和各资源负载情况进行粗粒度调度,将任务赋予优先级插入任务队列;监视任务的执行状态,当任务异常中断或执行性能较差时,对任务进行再次调度,重新安排其他资源;当任务完成时,负责将结果直接返回给客户.

3. 基于多 Agent 的自组织诊断过程

采用基于多 Agent 的自组织规划完成设备的智能故障诊断任务. 根据设备端采集的运行状态数据及用户提交的诊断任务要求,首先进行任务分析和分解,构造应用于故障诊断的多 Agent 结构,具体过程描述详见 5.3.4 节,通过资源请求代理、资源域代理及资源结点的协调,动态调用知识基,同时考虑用户要求的约束条件,实现诊断任务的动态完成. 智能诊断任务实现流程如图 7.8 所示.

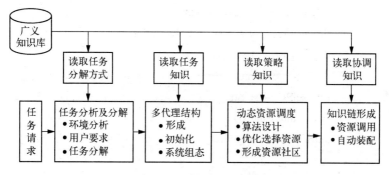

图 7.8　智能诊断任务实现流程

这一过程的相关程序表达如表 7.1 所示.

表 7.1　自组织诊断过程实现

流程:
1. 初始化,在…_initManage()程序中实现;
2. 服务封装,在…_serviceEncs()程序中实现;
3. 实现过程,在…_selfOrgRlzt()程序中实现;

package cn. edu. shu. cims. printing. common;

import oracle. jdbc. driver. ﹡;

import javax. ejb. SessionBean;

import javax. ejb. SessionConntext;

import javax. naming. InitialContext ;

…

续　表

public class initManage implements sessionBean{
 	
…
 	
public void **initManage**(
　　HttpServletRequest request，
　　Connection conn，
　　String sqlStr，Context context)
　　throws StringException，ConnException {
　　this. request = request；
　　this. conn = conn；
　　this. sqlStr = sqlStr；
　　systemInit(context)；
　　initSuccessful = true；
　}
public void systemInit(Context context) throws ConnException {
　　new ConnException(). connSqlStrException(conn, sqlStr)；
　　try {
　　　…
　　Properties properties= (Properties) Context.
getEnvironment()；
　　envrInit(properties)；
　　taskInit()；
　　…
　　　hasBeenInited = true；
　} catch (SQLException e) {
　　System. err. println("数据库异常" + e. getMessage())；
　　e. printStackTrace()；
　}
	系统
	初始化

续　表

```
        }
...
}

package cn. edu. shu. cims. printing. serviceManage;

import java. rmi. * ;

import java. util. *

import javax. naming. Context

import javax. naming. InitialContext;

import javax. naming. NamingException;
...

public class serviceManage entends UnicastRemoteObject{
...

public void serviceEncs(Context context) throws NamingException,
    MalformedURLException，AlreadyBoundException{
        try {

            ...

            Properties properties= (Properties) Context.
getEnvironment();

            String namingServerURL=

(String)properties. get("java. naming. provider. url");
            String analysisObject=

                (String)properties. get(ANALYSIS_OBJECT);

            String emluatorObject=

                (String)properties. get(EMLUATOR_OBJECT);

            //Binding object with different names

            context. bind(namingServerURL+analysisObject,this);

            context. bind(namingServerURL+emluatorObject,this);

            //Encapsulating the resource as the service
```

实现
资源
服务
封装

1) 命名
绑定

2) 封装
服务

续　表

```
        encsService(context，analysisObject)；

        encsService(context，emluatorObject)；

        …

    } catch (SQLException e) {

        System. err. println("数据库异常" + e. getMessage())；

        e. printStackTrace()；

    }

  }

…

package cn. edu. shu. cims. printing. diagnosis；

import oracle. jdbc. driver. * ；

import javax. ejb. SessionBean；

import javax. ejb. SessionConntext；

import javax. naming. InitialContext ；

…

public class diagProc {

…

public void selfOrgRlzt (Properties defaultproperties，Context context，

    String[] servName) throws NamingException{

    …

    properties= new Properties()；

    String servFactoryName=

(String)properties. get("JMS_FACTORY_FOR_QUEQUE")；
    queueConnectionFactory= (QueueConnectionFactory)

        context. lookup(servFactoryName)；

    queueConnection =
```

自组
织过
程实现

1）获取
诊断
资源

续　表

queueConnectionFactory. createQueueConnection();	2) 传递资源句柄，进行资源调度
queueSession ＝queueConnection. createQueueSession	
(false,Session. AUTO_ACKNOWLEDGE);	
try {	
...	
//getting the diagnosis resource	
String[] queue= context. lookup(servName);	
//realizing self-organization process	
resourceConfig(defaultProperties, queue);	3) 实现自组织装配并保存知识链
rscAttemper(queue);	
createSelfOrgRule(context, queue);	
saveKldgChain();	
...	
} catch (NamingException namingException) {	
queue ＝queueSession. createQueue(servName);	
Context. bind(queueName, queue);	
}	
}	
...	
}	

7.3.4　诊断决策与评价

对印刷机械设备智能故障诊断方案的评价,涉及多个评价指标,这些指标之间相对独立,但对于总体目标而言,侧重于不同的目标,就会产生不同的方案. 例如智能性的高低、诊断原理的正确、诊断成本的大小和算法是否收敛、运行是否可靠、可操作难易程度等.

从系统智能角度出发,则会偏重于诊断原理、算法收敛、智能高低等指标,提出这些指标均较好的方案;从维修方便角度出发,则会偏重

于运行可靠、可操作性难易等指标,提出偏重于这些指标的方案. 因此,
由于侧重点不同,就会有不同的诊断方案. 如何兼顾各个指标,综合考
虑各种因素,在若干个初始方案中进行决策,从而选择出比较满意的、
兼顾各方面要求的方案,是智能故障诊断决策时需要考虑的问题.

现采用综合评价方法来研究,首先采用模糊层次评价法进行研
究,建立模糊判断矩阵,然后进行多层次灰色关联分析,表 7.2 所示是
对 PZ4650B 润版胶印机进行智能故障诊断过程中确定的评价方案指
标集,表中的具体数值是根据若干专家统计得出.

表 7.2　方案指标集

方案 \ 指标	独创性	诊断原理	算法收敛	可靠性	诊断成本	可操作性
1	1.00	0.86	0.65	0.25	0.17	0.54
2	0.98	0.25	0.45	0.52	0.64	0.35
3	0.62	0.48	0.35	0.68	0.32	0.19
4	0.35	0.28	0.76	0.37	0.76	0.20

根据 6.4 及 6.5 节论述的计算方法,经系统分析计算后,分别得
到方案的优劣次序,按照模糊模糊层次评价法为:方案 3—方案 1—
方案 4—方案 2;按照多层次灰色关联分析为:方案 3—方案 4—方案
2—方案 1,最后经综合评价过程,得到最终的方案的优劣排序:方案
3—方案 4—方案 1—方案 2.方案排序结果如表 7.3 所示.

表 7.3　方案排序结果

评价方法 \ 方案　结果值	1	2	3	4
模糊层次评价	2	4	1	3
灰色评价	4	3	1	2
总　　计	6	7	2	5

评价结果界面显示如图 7.9 所示：

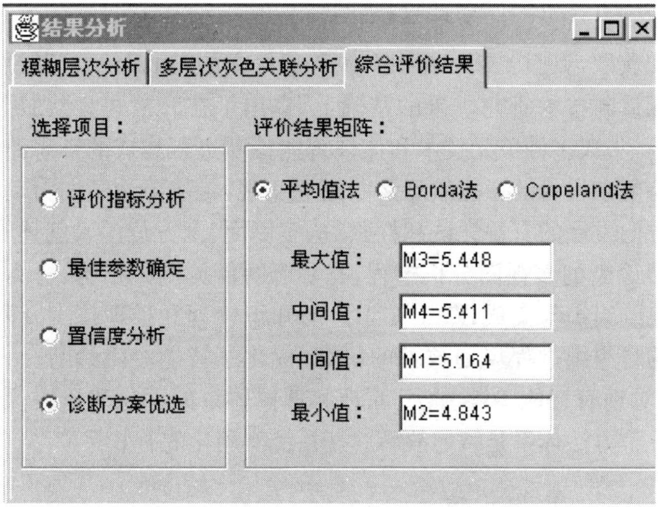

图 7.9　方案评价结果

7.4　应用效果分析

　　21 世纪制造业全球化、市场竞争激烈化成为制造业发展的趋势，企业经营制胜的关键在于强调新产品开发的速度和品质，尤其对于资源匮乏的中小企业来说，怎样才能投入较少的资金、人力等资源，充分利用公共的 Internet 通信设施条件及信息技术，已是一个迫在眉睫的问题. 信息技术的发展，网络化公共技术及服务平台的建立是推进企业信息化建设的重要举措，远程技术服务与故障诊断是其中的重要内容. 制造业的全球化发展也对设备的远程监测与智能诊断提出更高的要求. 论文以此为背景进行基于知识的智能故障诊断技术及应用的研究，具有重要的理论意义和应用价值，有助于推动制造业信息化的进程.

7.4.1　理论意义

　　研究复杂设备的智能故障诊断技术,采用数据挖掘技术进行自动知识获取,克服了基于知识系统普遍存在的"知识获取"瓶颈,在吸收单元诊断技术研究成果的基础上,提出了在开放式公共服务平台环境下,集成多种单元技术和体现智能诊断过程集成的新思路,有效地支持复杂设备的智能故障诊断过程实现,是故障诊断向自动化、智能化方向发展的有益尝试和探索.从多侧面、全方位深入阐述支持智能故障诊断的多视图分析过程,有利于智能诊断中结构、行为、知识及约束的组织与集成;基于知识链的知识管理和推理技术及基于多代理的自组织过程规划技术的研究,优化了智能故障诊断过程的实现,是对现有智能诊断方法、原理和理论体系的深化和拓展;研究决策与评价方法体系是智能故障诊断系统实用化的有效保障.

7.4.2　应用价值

　　目前,远程诊断系统已经应用在上海电气集团总公司下属上海印刷包装机械集团的五家企业,从近一年的运行状况看,该系统具有可操作性和应用价值,一方面有效地集成企业资源,实现知识的积累、共享和重用,减少了资源浪费,节约了行业投资成本;另一方面,应用远程智能故障诊断技术,提高了故障诊断效率,减少了故障诊断不及时带来的经济损失,实现了在诊断过程中"移动数据,而不是移动人"的新理念,成为推动行业企业信息化发展的典型示范.

7.5　本章小结

　　本章提出原型系统开发的目标、开发环境和功能模块结构,构建公共服务平台下基于知识的智能故障诊断系统结构框架,对原型系统构造中的关键技术进行分析,同时以大型印刷包装机械设备为对象进行应用验证,最后进行了应用效果分析.

第八章 结论与展望

8.1 论文研究成果

论文针对传统故障诊断技术向自动化、智能化方向发展过程中遇到的问题,从系统总体架构、智能诊断系统建立、诊断过程组织、诊断结果评价、知识获取等方面进行了深入研究.针对现有智能诊断系统在开放性、资源重用、知识发现方面存在的不足,提出基于开放式公共技术服务平台的智能诊断模式;以实现面向复杂设备的智能化故障诊断为目标,将数据挖掘技术和多代理技术引入到基于知识的智能诊断研究领域,并对其内涵、相关理论及技术做了深入探讨.

8.1.1 理论研究成果

论文在理论研究方面,主要取得了以下研究成果:

1. 提出基于开放式公共服务平台的远程故障诊断模式,探讨基于知识的智能诊断原理、方法及关键技术,建立远程智能故障诊断系统开发体系结构.

2. 将数据挖掘技术引入故障诊断的知识获取过程中,研究并改进数据挖掘过程模型,结合复杂设备故障诊断信息特征,深入探讨了几种适用的数据挖掘算法,解决了复杂设备智能故障诊断过程中在知识获取方面存在的瓶颈问题.

3. 深入研究智能故障诊断组织过程,从支持智能故障诊断的多个视图全方位、多角度地剖析其内部信息、知识和智能的组织和运行模式;将多代理技术引入智能故障诊断过程中并研究基于知识链的自组织过程实现策略.

4. 研究支持智能故障诊断系统中知识表达、集成、共享和重用的方法,提出基于知识链的元控制并行推理策略,有效支持智能故障诊断的实现.

5. 建立故障诊断的决策目标及其决策模型,构造支持智能故障诊断系统的评价指标体系,应用基于模糊层次评价和多层次灰色关联分析的综合评价方法,实现对智能故障诊断方案的决策和评价.

8.1.2 应用研究成果

论文在应用研究方面,完成了以下应用研究与理论验证工作:

1. 构建基于开放式公共服务平台的开发系统框架;给出系统关键技术的实现方法和途径.

2. 完成原型系统的开发,并以印刷包装机械设备为应用对象,通过实践应用验证了系统中相关理论、技术的可行性、实用性.

8.1.3 创新点

1. 创造性地提出了基于开放式公共技术服务平台的智能故障诊断系统体系

基于开放式公共技术服务平台的智能故障诊断系统体系有效地利用单元技术在故障诊断领域已经取得的成果,构建了分散网络环境下基于公共服务平台的开放性、分布式的系统体系结构,可以充分汲取分散的技术力量,通过任务分配和资源优化调度,集中体现了资源共享、协同决策、知识集成的服务思想,是对智能故障诊断系统体系新方向的有益探索.

2. 提出支持智能故障诊断的多视图分析方法

在对故障诊断概念和内涵进行深入剖析的基础上,多角度、全方位地分析智能故障诊断过程组织原理,通过结构、行为、知识和约束四个相互关联的视图,完成对故障诊断过程中信息流、知识流和诊断行为地有机结合和整个过程地透视分析,丰富并完善了智能故障诊断系统理论.

3. 提出基于知识链的智能故障诊断自组织过程实现策略

通过对智能行为与自组织过程之间内在关联的对比分析,研究智能故障诊断过程组织原理与机制,将多代理技术引入到智能故障诊断过程中,提出基于知识链的智能故障诊断自组织过程实现策略,从知识驱动、知识链管理、自组织过程规划的角度探讨其实现过程.

8.2 进一步研究方向

信息技术、人工智能技术的发展,使智能诊断技术的外延和内涵都变得十分广阔,在故障诊断技术日益向远程性、智能化方向发展过程中,由于复杂系统本身涉及的技术领域广,诊断对象特征描述和诊断信息的不确定性以及故障诊断过程的复杂性,从理论和实际应用出发,该领域还有以下问题有待于进一步研究:

1. 基于多传感器数据融合的故障诊断研究

随着科技的发展和信息技术、网络技术的广泛运用,人们获取的信息形式、数量和复杂程度都大大增加,为了更好地利用各种信息,需要对它们进行综合分析处理,使之形成对事务可靠、完备的描述.由于信息具有多源的特性,要想对它们进行综合分析处理,必须采用数据融合技术通过对多个同质或异质传感器获得的数据进行有机结合,才能得到满意的结果.随着数据融合在众多领域中的应用,比较确切的定义可概括为利用计算机和网络技术对按时序获得的若干传感器观测信息在一定准则下加以自动分析、综合,为完成所需的决策而进行的信息处理过程.

从本质上讲,故障诊断是对设备运行的各种状态信息和已有的各种知识进行信息的综合处理,最终得到关于系统运行状况和故障状况的综合评价.因此,应用数据融合技术,充分利用多个传感器信息源的各种类型的数据,从多方面获得同一监测对象的多维信息并加以融合,可以得出系统更加可靠的状态估计和更加准确的诊断决策.

2. 自组织智能故障诊断过程的进一步完善

本文通过对智能行为和自组织过程的内在关联的分析,将自组织规划技术应用于故障诊断过程中,对提高系统智能进行了有益的尝试. 然而在实际应用中,为了实现对设备故障的智能诊断,还需要从流程设计、自组织优化算法改进、知识集成等方面进行完善,以进一步提高其智能化程度.

3. 虚拟现实技术将得到重视和应用

虚拟现实技术是继多媒体技术之后另一个在计算机界引起广泛关注的研究热点,它有四个重要特征,即多感知性、存在感、交互性和自主性. 从表面上看,它与多媒体技术有许多相似之处,但是虚拟现实技术是人们通过计算机对复杂数据进行可视化和交互操作的一种全新的方式,与传统的人机界面如键盘、鼠标、图形用户界面等相比,它在技术思想上有了质的飞越. 应用该技术后,用户、计算机和控制对象被视为一个整体,通过各种直观的工具将信息进行可视化,用户直接置身于这种三维信息空间中自由地操作、控制计算机.

虚拟现实技术在军事、教育和航天等领域有着极其广泛的应用前景,由于虚拟现实技术可以解决智能系统中许多至今无法解决的困难问题,所以由此带来的影响是极其深刻的. 可以预言,随着虚拟现实技术的进一步发展和在智能故障诊断系统中的广泛应用,它将给智能故障诊断系统带来一次技术性的革命.

8.3　本章小结

总结论文的主要研究工作和取得的研究成果,指出进一步研究方向.

参 考 文 献

1 任伟,王坚,张浩等.制造业远程服务系统的设计与实现.组合机床与自动化加工技术,1999:11

2 陆剑峰.制造企业远程服务系统的研究与应用.同济大学博士论文,2001:4

3 张金玉,张优云.基于网络的远程诊断与处理支持中心的研究.西安交通大学博士学位论文,2000:3:5-6

4 赵林度.大型机电系统故障诊断技术.北京:中国石化出版社,2001;10:1-9

5 八五国家科技攻关项目——大型离心式压缩机组在线监测和故障诊断系统论证材料.西安交通大学、泸州天然气化学工业公司,1990

6 屈梁生,何正嘉.机械故障诊断学.上海:上海科学技术出版社,1986

7 Collacott R. A.机械故障的诊断与情况监测.北京:机械工业出版社,1987

8 Berton L. Next Generation Remote Diagnostics Projuct. http://dx-testbed.

9 stanford. edu. cn,1998

10 谢小轩等.制造企业远程故障诊断服务系统的研究.组合机床与自动化加工技术,2000;12:2

11 Shiral Y., Tsujii J. Artificial Intelligence Concepts, Techniques and Applications[M]. John Wiley&Sons Ltd. 1984

12 樊友平,黄席樾.智能诊断技术的发展和思考.自然辩证法研究,2001;17(2):42-45

13 徐光华.概率神经网络及其大机组智能诊断技术.西安交通大学

博士学位论文,1995:10

14 Halasz M. , Dube F. , Orchard R. , Ferland R. The integrated diagnostic system (IDS): remote monitoring and decision support for commercial aircraft Putting theory into practice. AAAI '99 Spring Symposium on AI in Equipment Maintenance and Support. Palo Alot,NRC 43579,CA. 1999; **4**: 22 - 24

15 杨叔子,郑晓军. 人工智能与诊断专家系统. 西安：西安交通大学出版社,1990;**6**:1 - 59

16 黎洪生,何岭松,史铁林等. 基于因特网远程故障诊断系统架构. 华中理工大学学报,2000;**28**(3): 13 - 15

17 杨叔子,史铁林,李东晓. 分布式监测诊断系统的开发与设计. 振动、测试与诊断,1997;**17**(1): 1 - 6

18 何岭松,王竣峰,杨叔子. 基于因特网的设备故障远程协作诊断技术. 中国机械工程,1999;**10**(3): 336 - 338

19 康晓东. 远程医学诊断和治疗系统. 世界网络与多媒体,1999;**7**(1): 26 - 32

20 陈敏莲,何平,吴雄文等. 基于 Windows 平台的多主理参数网络监护系统. 中国医疗器械,2000;**24**(2): 73 - 77

21 蔡肖兵,黄哨毅,余琪. 试论远程诊断与设备诊断医院的设想. 状态监测与诊断技术,1995;**8**(3): 31 - 32

22 Pazani M. J. Failure-Driven learning of fault diagnosis heuristics. IEEE Trans on systems,Man and cybemetics,1998; **17**(3): 380 - 384

23 叶银忠,潘日芳,蒋慰孙. 动态系统故障监测及诊断方法. 信息与监测,1996;**15**(6): 27 - 34

24 轩建平等. 基于动力模型的故障监测与诊断理论和方法综述. 振动工程学报,1998:增刊

25 张萍,王桂增,周东华. 动态系统的故障诊断方法. 控制理论与应用,2000;**17**(2): 153 - 158

26　金宏. 导航系统的精度及容错性能研究. 博士论文,北京航空航天大学,1998:5

27　徐光华. 概率神经网络及其大机组智能诊断技术. 西安交通大学博士学位论文,1995:10

28　高毅龙. 数据挖掘及其在工程诊断中的应用. 博士论文,西安交通大学,2000:4

29　Fayyad U. , Piatetsky-Shapiro G. , Padhraic Smyth. Knowledge Discovery and Data Mining: Towards a Unifying Framework. Proceedings of Second International Conference on Knowledge Discovery and Data Mining(KDD‐96),AAAI Press,1996

30　高文. KDD:数据库中的知识发现. 计算机世界报,1998 年 9 月 28 日 DI

31　Han J. , Fu Y. , Wang W. , Chiang J. , Gong W. , Miner D. B. A System for Mining Knowledge in Large Relational Databases, Proc. 1996 Int'l Conf. on Data Mining and Knowledge Discovery(KDD'96),Portland,Oregon,1996; **8**:250‐255

32　Mitchell F. , Sleeman D. H. , Milne R. KA the KDD way or How to do Knowledge Acquisition without completely annoying your expert,http://www. csd. abdn. ac. uk/~mitchell

33　李德毅. 从网络时代走向信息时代——数据开采和知识发现研究的回顾与展望. 计算机世界报,2001:C23

34　Mannila H. Methods and problems in data mining, Proceedings of International Conference on Database Theory (ICDT'97), Delphi,Greece,F. Afrati and P. Kolaitis(ed.),1997:41‐55

35　Loren T. Vibration Analysis using Rosetta A Practical Application of Rough Sets. Technical report. Norwegian University of Science and Technology,1998:29

36　Rotating machine condition monitoring: the state of the art, http://www. aston. ac. uk/modiarot/,1999

37   The KATE Software Suite，http：//www. acknosoft. com/ ftools. html,1999

38   沈力翔. 故障诊断中的不确定信息分析. 西安交通大学硕士学位论文,1998

39   贾要勤. 粗糙集理论及其在故障特征选择中的应用. 西安交通大学硕士学位论文,1998

40   http：//www. csd. abdn. ac. uk/～csc145/thesis. html,1999

41   史东锋. 大型回转机械的全息诊断技术研究. 西安交通大学博士学位论文,1998；9 - 24,71 - 106

42   S. k. Ong,N. An. Web-Based Fault Diagnostic and learning System ［J］. *The International Journal of Advanced Manufacturing Technology* ,2001；(18)：502 - 511

43   http：//www. e-works. net. cn/ewkArticles/Category141/ Article5637. htm

44   冯雷. 汽油发动机故障诊断专家系统的研究. 浙江大学硕士论文,1999

45   Franklin S. , Graesser A. Is It an Agent,or Just a Program? A Taxonomy for Autonomous Agents. In：Proceedings of the Third International Workshopon on Agents Theories. Architectures, and Languages, Springer-Verlag. 1996：62 - 71

46   杨叔子,丁洪等. 基于知识的诊断推理. 北京：清华大学出版社,1993

47   吴今培,肖建华. 智能故障诊断与专家系统. 北京：科学出版社,1997

48   Wooldbrige M. J. Agent-Based Software Engineering. *IEEE Transaction on Software Engineering* , **144**(1)：26 - 37

49   Wooldridge M. J. , Jennings N. R. Intelligent Agents：Theory and Practice. *Knowledge Engineering Review* ,1995；**10**(2)： 115 - 152

50 Loren T. Vibration Analyis using Rosetta A Practical Application of Rough Sets，Technical report，Norwegian University of Science and Technology，1998：29

51 Rotating machine condition monitoring：the state of the art，http：//www. aston. ac. uk/modiarot,1999

52 路耀华. 思维模拟与知识工程. 北京：清华大学出版社,1997

53 戴汝为,王鼎兴. 人工智能发展的几个问题——IJCAI - 91 简介. 模式识别与人工智能,1992;**5**(1)：66 - 77

54 蒋东翔,倪维斗. 大型汽轮发电机组混和智能诊断方法的研究. 清华大学学报(自然科学版),1999;**39**(3)：76 - 78

55 Jay Lee. 制造全球化的挑战及研究战略. 中国机械工程,1997；(8)：27 - 28

56 王道平,张义忠. 故障智能诊断系统的理论与方法. 北京：冶金工业出版社,2001：5

57 丁洪. 基于知识的复杂系统诊断理论与系统. 华中理工大学博士论文,1999：4

58 Abu-Hanna A. , Gold I. Adaptive Y. ,Multilevel Diagnosis and Modeling of Dynamic Systems,Int. J. of Expert System,1990；**3**：1

59 黄凯,陈云,闫如忠. 基于 Internet 的设备远程监控与故障诊断平台. 制造业自动化,2002;**24**：168 - 171

60 吴伟蔚,杨叔子,吴今培. 基于智能 Agent 的故障诊断系统研究. 模式识别与人工智能,2003;**13**：1

61 何新贵. 知识处理与专家系统. 北京：国防工业出版社,1990

62 Davis R. Restrospective on diagnostic reasonging based structure and behavior. *Artificial Intelligence*，1993；**59**：149 - 157

63 Milne R. Strategies for diagnosis. *IEEE Trans，Syst，Man，Cybern*,1987；**17**(3)：333 - 339

64 白作霖,彭俊松,文毅. 知识共享和重用技术在分布式智能检测规划系统中的研究与应用. 中国机械工程,1997;**8**(1);73 - 76

65 李克旻,白庆华. 基于 XML 知识管理系统的研究. 计算机与现代化,2001;3

66 靳蕃. 神经计算智能基础原理·方法. 成都;西南交通大学出版社,2000;1

67 钟义信. 知识论框架通向信息—知识—智能统一的理论. 中国工程科学,2000;**2**(9);50 - 54

68 周东华,王桂增. 故障诊断技术;综述. 化工自动化与仪表,1998;**25**(1);58 - 62

69 Magni J F,Mouyon P. On residual generation by observer and parity space approaches. *IEEE Transactions on Automatic Control*,1994;**39**(2);441 - 447

70 Garcia E. A. ,Frank P. M. On the relationship between observer and parameter identification based approaches to fault detection. *Proc. of IFAC World Congress*,1996;25 - 29

71 Gertler J.. Diagnosing parametric faults; from parameter estimation to parity relations. *American Control Conference*,1995;1615 - 1620

72 Kumamaru K. ,*et al*. Robust fault detection using index of Kullback discrimination information. *In*;*Proc. of IFAC World Congress*,1996;205 - 210

73 吕柏权. 一种基于小波网络的故障检测方法. 控制理论与应用,1998;**15**(5);802 - 805

74 周东华,叶银忠. 现代故障诊断与容错控制. 北京;清华大学出版社,2000;**6**;6 - 10

75 Chow M. *et al*. On the application and design of artificial neural networks for motor fault detection. *IEEE Trans. Ind. Electron*,1991;**38**(6);448 - 453

76 Frank P. M.. Analytical and qualitative model-based fault diagnosis-a survey and some new results. *European Jornal of Control* ,1996；**2**(1)：6－28

77 Stengers I. ,曾庆宏,沈小峰译. 从混沌到有序. 上海：上海译文出版社,1987：174－258.

78 G Nicolis,I Prigogine,徐锡申等译. 非平衡系统的自组织. 北京：科学出版社,1986：475－524

79 Haken H. ,宁存政等译. 信息与自组织. 成都：四川教育出版社,1998：1－70

80 Ren Shouju, Jurgen Bode, Fung R. Y. K. , *et al.* A framework of decision support systems in advanced manufacturing enterprises-a systems view. *Integrated Manufacturing Systems* , 1997；**8**(6)：365－373

81 师汉民. 从"他组织"走向自组织——关于制造哲理的沉思. 中国机械工程,2000；**11**(1－2)：80－85

82 张培富,李艳红. 技术创新过程的自组织进化. 科学管理研究,2000；**18**(6)：1－4

83 钟义信. 知识论：核心问题—信息—知识—智能的统一理论. 电子学报,2001；**29**(4)：528－530

84 Robert P. Smith. Jeffrey A Morrow. Product development process modeling. *Design Studies* ,1999；**20**(3)：237－261

85 徐小刚,刘伟,李明等. 基于 DSM 的产品开发流程再造. 机械设计与制造工程,2001；**30**(4)：34－36

86 纪风伟,陈恳,刘敏等. 基于 PDM 平台的过程控制技术研究,计算机集成制造系统——CIMS,2002；**8**(1)：73－76

87 Keith SDecker. Environment centered analysis and design of coordination mechanisms [PhDDissertation]. Amherst, Massachusetts：University of Massachusetts,1995

88 刘志,高济. 支持虚拟企业的过程建模和工作流管理系统. 计算

机辅助涉及与图形学学报,2001;**13**(10):952 - 960

89　倪炎榕.网络化快速产品开发过程建模及其支撑技术的研究与实现.上海交通大学博士论文,2003

90　朱福喜,汤怡群,傅建明.人工智能原理.武汉:武汉大学出版社,2000:197 - 200

91　田金兰,李奔.关联规则挖掘在保险业务钟的应用.计算机世界报,1999 年 5 月 31 日,C10

92　Schulze-Kremer S. Discovery in the human genome project. *Communications of the ACM*,1999;**42**(11):62 - 64

93　Salzberg S. L. Gene discovery in DNA sequences. *IEEE Intelligent System*,1999;**14**(6):44 - 48

94　Frawley W. J. Piatetsky-Shapiro G. , Matheus C. G. Knowledge Discovery in Databases: An Overview. In Piatetsky-Shapiro G and Frawley W J, ets. Knowledge Discovery in Databases,AAAI/MIT Press,1991:1 - 27

95　郑宏珍,刘明欣.数据挖掘及其工具的选择.计算机应用,1999;**10**(增刊):109 - 110

96　孟建.大型回转机械故障特征提取的若干前言技术.西安交通大学博士论文,1996:1 - 11,47 - 61

97　Anand S. S. , Bell D. A. , G. Hughes J. EDM:A General framework for Data Mining based on Evidence Theory. Data&Knowledge Engineering,1996:189 - 223

98　John G. H. Enhancements to the Data Mining Process. Ph. D Thesis of Stanford University,1997

99　Brachman R. J. , Anand T. The Process of Knowledge Discovery in Databases: A Human-centered Approach. Advance In Knowledge Discovery and Data Mining. AAAI/MIT Press,1996:37 - 58

100　朱廷劭.数据挖掘及其在汉语文语转换中应用的研究.中国科

学院计算技术研究所博士论文,1999

101 Piatetsky-Shapiro G. The data-mining industry coming of age. *IEEE Intelligent Systems*,1999:32–34

102 Lu H. , Setiono R. , Liu H. Effective data mining using neural networks. *IEEE Transactions on Knowledge and Data Engineering*,1996; **8**(6):957–961

103 Quinlanj R. Learning efficient classification procedures and their application to chess end games. In Michalski J R. Machine Learning:An Artificial Intelligence Approach,Vol. 1 Morgan Kaufmann. San Mateo,CA

104 王珏,苗夺谦,周育健. 关于 Rough Set 理论与应用的综述. 模式识别与人工智能,1996;**9**(4):337–344

105 王志海,胡可云,胡学钢. 基于粗糙集合理论的知识发现综述. 模式识别与人工智能,1998;**11**(2):178–183

106 Pqwlak Z. Rough Sets,International J. of Computer and Sciences,1982;**11**(5):341–356

107 Pqwlak Z. Rough Sets:Theoretical Aspects of Reasoning About Data. Dordrecht:Kluwer,1991

108 Ziarko W. Variable Precision Rough Model,Joural of Computer and System 46,1993:39–59

109 Nowicki R. , *et al*. Rough Sets Analysis of Diagnostic Capacity of Viberoacoustic Symptoms. Computer Math. Applic. ,1992;**24**(7):109–123

110 Pawlak Z, Grzymala-Busse J. , Slowinski R. , Ziarko W. Rough Sets,Communications of the ACM,1995;. **38**(11):89–95

111 Agrawal R. , Mannila H. , Srikant R. , Toivonen H. , Verkamo A. I. Fast discovery of association rules. Chapter 12 in Usama M. Fayyad, Gregory Piatetsky-Shapiro, Padhraic

Smyth, and Ramasamy Uthurusamy, editors, Advances in Knowledge Discovery and Data Mining, AAAI/Press, 1996: 307 - 328

112 Klemettinen M. , Mannila H. , Ronkainen P. , et al. Finding interesting rules from large sets of discovered association rules. In Proceedings of the Third International Conference on Information and Knowledge Management (CIKM'94) , 401 - 407, Gaithersburg, Maryland, November 1994, ACM Press

113 Mannila H. , Toivonen H. , Verkamo A. I. Discovering Frequent Episodes in Sequences. In First International Conference on Knowledge Discovery and Data Mining (KDD'95) , 210 - 215, Montreal, Canada, August 1995. AAAI Press

114 Agrawal R. , Christos Faloutsos, Arun Swami. Efficient similarity search in sequence database. In FODO Conference, Evanston, Illinois, October, 1993

115 张朝晖. 发掘多值属性的关联规则. 软件学报, 1998; 9 (11): 801 - 805

116 De K. A. Jone: Evolutionary Computation for Discovery. Communications of the ACM, 1999; **42**(11). 51 - 53

117 Dyckhoff, H. Pedrycz, W. Generalized mean as a model of compensation connectives. Fuzzy Sets System. 1984; **14**: 143 - 154

118 Han Yanling, Chen Yun, Cao Shouqi, et al. The Diagnosis Reasoning based on Fuzzy Self-Organizing Neural Network and its Application. The Third International Conference on Machine Learing and Cybernetics, 2004

119 Simula. O. , Aloniemi. E. , Hollmen. J. , Vesanto J. Monitoring and Mideling of Complex Processes Using

Hierarchical Self-Organizing Maps. In Proceeding of the IEEE International Symposium On Circuits Systems. Volume Supplement, 1996

120 吴俊芬,胡念苏,赵瑜. 基于自组织特征映射神经网络的汽轮机回热系统故障诊断. 武汉大学学报(工学版),2003;36(4): 100-102

121 虞和济,陈长征,张省等. 基于神经网络的智能诊断. 北京:冶金工业出版社,2000:114-116

122 蒋东翔,王风雨,周明等. 模糊自组织神经网络在航空发动机故障诊断钟的应用. 航空动力学报,2001;16(1):80-82

123 张杰,沈精虎. Internet/Intranet 环境下的工程设计. 北京:人民邮电出版社,2000:7

124 韩晓建,邓家提. 产品概念设计过程的研究. 计算机集成制造系统,2000;6(1)

125 宁可,李清,陈禹六. 经营过程建模方法评价技术研究. 计算机集成制造系统,2002;6(10):792-793

126 夏敬华,陆宝春,张世琪. 智能监控和诊断系统全视图模型研究. 计算机集成制造系统,2000;6(6):75-80

127 杨炳儒. 知识工程与知识发现. 北京:冶金工业出版社,2000: 137-170

128 韩彦岭,陈云,曹守启等. 基于代理与仿真技术的远程故障诊断系统. 系统仿真学报,2004;16(9)

129 杨涛,王云莉,肖田元等. 虚拟产品开发中的知识集成方法研究. 机械科学与技术,2003;22(4,7):525-527

130 杨杰,叶晨洲. 用于建模、优化、故障诊断的数据挖掘技术. 计算机集成制造系统,2000:10

131 杨炳儒. 知识工程与知识发现. 北京:冶金工业出版社,2000: 243-247

132 Lander S. E. Issues in multi-agent design systems[J]. IEEE:

Expert Intelligent System& Their Applications, 1997；**12**(2)：18 - 26

133 杨涛,马玉林等. 加工过程质量监控的多代理系统的结构和实现. 计算机集成制造系统——CIMS, 2001；7(3)：1 - 3

134 Lan Foster, Carl Kesselman, Steven Tuecke. The Anatomy of the Grid. *Intl J. Supercomputer Applications*, 2001：1 - 21

135 曹守启,陈云,韩彦岭等. 网格技术在远程服务与故障诊断系统中的应用. 计算机集成制造系统, 2004

136 唐文献. KBE 环境下面向协同创新的产品开发支持系统研究. 上海大学博士论文, 2003

137 任守榘. 现代制造系统分析与设计. 北京：科学出版社, 1999：8

138 刘飞. 先进制造系统. 北京：中国科学技术出版社, 2003：1

139 Bullinger H. J. , Warschat J. Concurrent Simultaneous Engineering Systems：The Way to Successful Product Development. London：Springer-Verlag London Limited, 1996

140 Caporello T. J. , Wolfe P. M. Aclosed-loop as sessment framework for in tegrated product and process development implemen-tations. *Computer sand Industrial Engineering*, 1995；**29**(1 - 4)：387 - 391

141 张华,刘飞,李友如. 绿色工艺规划的决策模型及应用案例研究. 中国机械工程, 2000；**11**(9)：979 - 980

142 向东,张根保,汪永超. 绿色产品及其评价指标体系研究. 计算机集成制造系统, 1999；**5**(4)：14 - 19

143 张文修. 模糊数学. 西安：西安交通大学出版社, 1984：10

144 方述诚,汪定伟. 模糊数学与模糊优化. 北京：科学出版社, 1997：10

145 陈贻源. 模糊数学. 武汉：华中工学院出版社, 1984：3

146 谢庆生,罗延科,李屹. 机械工程模糊优化方法. 北京：机械工业出版社, 2002：7

147 罗佑新,张龙庭,李敏. 灰色系统理论及其在机械工程中的应用. 长沙：国防科技大学出版社,2001：12

148 文伟. 影响室内空气污染的不确定因素的灰色系统分析研究. 湖南大学硕士论文,2002：5

149 胡文友,李爱军,段拥军等. 公路网规划方案综合评价实用方法研究. 公路交通科技,2001；**18**(3)：106-108

150 郭晓汾,徐双应,闫广维. 基于灰加权关联度的公路主枢纽站场布局决策方法. 中国公路学报,1997；**10**(3)：83-88

致　　谢

本论文是在导师方明伦教授、陈云教授的精心指导下完成的. 在本论文即将完成之际,首先向他们致以衷心的感谢!

感谢方老师在我读书期间给予的大量关怀和勉励,方老师严谨的治学态度、敏锐的洞察力、忘我的工作热情和教书育人的高尚品德,使我深受裨益. 无论在学术上还是个人修养上,我每前进一步,无不洒下导师辛勤的汗水. 值此论文成稿之际,谨向方老师表示崇高的敬意和衷心的感谢!

感谢陈云教授的深切关怀和指导. 她那兢兢业业的工作作风和无微不至的关怀令我毕生难忘. 她严谨治学、宽厚待人,从论文选题、技术指导及至论文撰写都得到了陈老师的精心指导. 值此,向辛勤培育我的陈老师表示崇高的敬意和深深的感谢!

衷心感谢 CIMS 中心李莉敏老师、陈德煜老师、田中旭老师、王庆林老师、阮家莹老师、袁庆丰老师、米志伟老师以及其他各位老师在科研工作和学习上提供的指导和帮助!

衷心感谢项目组的闫如忠、黄凯、张开涛、贺小辉、应志雄、廖志辉等几位同学. 许多科研思想得到大家的支持,许多学术观点都是集体的智慧,由此我深深体会到一个好的团队的巨大力量,我永远忘不了读书期间的每一个日日夜夜.

感谢 CIMS 中心的同窗好友：唐文献、李睿、刘丽兰、李春泉、袁逸萍、邹宗峰、王栋等同学,难以忘怀大家一起度过的快乐时光.

最后感谢我的爱人曹守启,漫漫求学路上,始终给予我不断前进的动力和战胜困难的勇气. 感谢我慈爱的父母,感谢他们的养育之恩,感谢他们多年不变的支持、关心和无私奉献,是他们博大的爱和深切的关怀,鼓励我不断前进. 感谢我的家人在我求学的道路上给予的鼓励和支持.